高等学校规划教材

芯片封装与测试

关 赫 龙绪明 李 锋 编著

西北工業大學出版社
西 安

【内容简介】 本书是一本通用的集成电路芯片封装与测试教材。全书共9章，主要内容包括芯片封装概论、微电子制造技术、芯片封装材料、芯片封装工艺、芯片与电路板装配、先进封装技术、芯片封装可靠性测试、封装失效分析和芯片封装技术应用等。本书在体系上合理、完整，在论述上力求深入浅出，在内容上做到详实、贴近封装行业的实际生产情况，让读者能够轻松地了解封装行业，理解封装技术和工艺流程，学到先进的封装技术，会对封装的失效进行分析。

本书可作为高等院校的微电子、集成电路相关专业课程教材，也可供电子制造工程师阅读参考。

图书在版编目(CIP)数据

芯片封装与测试 / 关赫，龙绪明，李锋主编. —西安：西北工业大学出版社，2022.11

ISBN 978-7-5612-8211-3

Ⅰ. ①芯… Ⅱ. ①关… ②龙… ③李… Ⅲ. ①集成芯片-封装工艺 ②集成芯片-测试 Ⅳ. ①TN43

中国版本图书馆CIP数据核字(2022)第213027号

XINPIAN FENGZHUANG YU CESHI

芯片封装与测试

关赫 龙绪明 李锋 编著

责任编辑：胡莉巾 吕颐佳 **策划编辑**：杨 军

责任校对：胡莉巾 **装帧设计**：李 飞

出版发行：西北工业大学出版社

通信地址：西安市友谊西路127号 邮编：710072

电　　话：(029)88493844，88491757

网　　址：www.nwpup.com

印 刷 者：陕西向阳印务有限公司

开　　本：787mm×1 092mm 1/16

印　　张：8.5

字　　数：212千字

版　　次：2022年11月第1版 2022年11月第1次印刷

书　　号：ISBN 978-7-5612-8211-3

定　　价：39.00元

前　言

芯片产业是国民经济和社会发展的战略性、基础性和先导性产业，是培育发展战略性新兴产业、推动信息化和工业化深度融合的核心与基础。它是一个巨大的产业，例如英特尔、高通、AMD、联发科等都是芯片领域里的巨头；它也事关国家安全，在深空探测、航天技术、军事技术领域，芯片技术都是核心竞争力。目前，集成电路芯片已列入国家“十四五”规划中。

芯片产业链复杂，包括芯片设计、芯片制造和芯片封装测试。其中芯片封装测试环节所涉及的微电子封装技术是门交叉学科。随着集成电路的迅猛发展，如今封装工程师想要解决复杂的问题，就需要对电气、热学、机械、材料科学和制造原理有基本的了解。当前，我国的芯片封装测试行业规模保持世界领先。随着我国芯片事业的迅猛发展，芯片封装领域人才缺口不断增大，对我国芯片事业提出了严峻挑战。

“芯片封装与测试”是构筑微电子学与固体电子学、微电子科学与工程、集成电路科学与工程等学科完整专业知识体系，保证人才培养体系完整性的关键核心基础课程之一。芯片封装与测试技术具有实践性强、理论与实践密切结合，以及工程实际强调知识点的多维立体紧密契合和综合运用的特点。针对这些特点，本书聚焦芯片制造技术领域，紧密对接芯片封装与测试产业链，对芯片封装与测试技术相关内容进行合理化、创新化、工程化的讲解；详细讲述芯片封装基本原理及工艺流程，包括芯片封装等级、封装分类、封装工艺流程、元器件与电路板结合等基础内容；并在此基础上研究当前业界先进封装技术，介绍不同类型芯片的封装应用，从而拓展电子封装工程应用技术知识范围。通过本书的讲述，希望读者能够深入了解和掌握各种封装的基本概念和原理，了解封装测试中遇到的新问题及新发展，能够运用所授知识对简单封装类型进行分析和设计，进而成为面向实际工程应用的芯片封装领域优秀人才。

2016—2018年短短两年内，我国电信行业两大巨头中兴、华为先后被美国制裁，我国芯片行业经历了前所未有的危机。"缺芯"背后是我国大力发展芯片事业的决心，以及千万半导体人投身芯片事业的热情。愿我辈秉承"科技自主"的精神，大力进行芯片领域技术研究！

本书具体编写分工如下：关赫负责第1、2、3、5、7、8章的编写；龙绪明负责第4、6章的编写；李锋负责第9章的编写。此外，在编写本书的过程中，笔者的研究生李文韬等人在资料收集整理、文稿录入、插图绘制等方面做了很多工作，在此向他们表示衷心感谢！本书部分图片资料来源于互联网，同时也参考了一些电子封装领域的专业书籍，在此一并表示感谢。

编写本书曾参阅了相关文献、资料，在此，谨向其作者深表谢意。

由于水平有限，书中难免存在不足之处，恳请广大读者批评指正。

编著者

2022年5月

目　　录

第1章　芯片封装概论

1.1　概　　述

微电子与集成电路(Integrated Crucuit,IC)技术是一项集当今世界最先进科技成果于一体的综合性交叉式学科,也是一种极其庞大和复杂的系统工程和综合技术。集成电路是利用半导体工艺或厚膜、薄膜工艺,将电阻、电容、二极管、双极型三极管以及场效应晶体管等元器件按照设计要求连接起来,在同一硅片上制作,使其成为具有特定功能的电路。集成电路的制造可分为芯片的制造和芯片的封装及测试前后两道工序。

集成电路分类是一个很复杂的问题,有很多种分类方法,按照电气功能分类是一种传统的分类方法,也是最常用的分类方法。一般可以把集成电路分成数字和模拟集成电路两大类。数字集成电路包括逻辑电路、微处理器以及存储器等,模拟集成电路包括接口电路、光电器件、音频/视频电路以及线性电路等,见表1.1。其中,数字逻辑电路包括门电路、触发器、计数器、加法器、延时器、锁存器、算术逻辑单元、编码器、译码器、脉冲发生器、多谐振荡器以及可编程逻辑器件(PAL、GAL、FPGA、ISP)等;数字微处理器则包括通用微处理器、单片机电路、数字信号处理器(Digital Signal Process,DSP)、通用/专用支持电路等;数字存储器包括日常生活中常见的集成电路,如动态/静态RAM、ROM、PROM、EPROM、E2 PROM、缓冲器、驱动器等;模拟接口电路有A/D、D/A、电平转换器、模拟开关、模拟多路器、数字多路/选择器、采样/保持电路等;模拟光电器件包括光电传输器件、光发送/接收器件、光电耦合器、光电开关等,它们支持了光学和电学性能的转变和传输;音频/视频电路也是模拟集成电路的一种类型,包括音频放大器、音频/射频信号处理器、视频电路、电视机电路、音频/视频数字处理电路等。此外,还有各种各样的线性电路,比如线性放大器、模拟信号处理器、运算放大器、电压比较器、乘法器、电压调整器、基准电压电路等。这些拥有纷繁复杂功能的器件芯片,构成了整个集成电路的大家族。

除此之外,还可以把集成电路按制造工艺分类、按基本单元核心器件分类、按集成度分类、按电气功能分类、按应用环境条件分类、按通用或专用的程度分类。

如果按照制造工艺分类,可以把集成电路分为半导体集成电路和混合集成电路。所谓的半导体集成电路是指用平面工艺(氧化、光刻、扩散、外延工艺)在半导体晶片上制成的电路,一般所说的集成电路就是指半导体集成电路。而混合集成电路则相对复杂，它包括薄膜集成电路和厚膜集成电路。用薄膜工艺(真空蒸发、溅射)或厚膜工艺(丝网印刷、烧结)将电阻、电容等无源元件连接制作在同一片绝缘衬底上，再焊接上晶体管管芯，使其具有特定的功能，再把厚膜或薄膜集成电路连接上单片集成电路，则成为混合集成电路。

表 1.1　半导体集成电路的分类

<table>
<tr><td rowspan="11">数字集成电路</td><td rowspan="4">逻辑电路</td><td>门电路、触发器、计数器、加法器、延时器、锁存器等</td></tr>
<tr><td>算术逻辑单元、编码器、译码器、脉冲发生器、多谐振荡器</td></tr>
<tr><td>可编程逻辑器件(PAL、GAL、FPGA、ISP)</td></tr>
<tr><td>特殊数字电路</td></tr>
<tr><td rowspan="4">微处理器</td><td>通用微处理器、单片机电路</td></tr>
<tr><td>数字信号处理器(DSP)</td></tr>
<tr><td>通用/专用支持电路</td></tr>
<tr><td>特殊微处理器</td></tr>
<tr><td rowspan="3">存储器</td><td>动态/静态 RAM</td></tr>
<tr><td>ROM、PROM、EPROM、E2 PROM</td></tr>
<tr><td>特殊存储器件</td></tr>
<tr><td rowspan="16">模拟集成电路</td><td rowspan="4">接口电路</td><td>A/D、D/A、电平转换器</td></tr>
<tr><td>模拟开关、模拟多路器、数字多路/选择器</td></tr>
<tr><td>采样/保持电路</td></tr>
<tr><td>特殊接口电路</td></tr>
<tr><td rowspan="4">光电器件</td><td>光电传输器件</td></tr>
<tr><td>光发送/接收器件</td></tr>
<tr><td>光电耦合器、光电开关</td></tr>
<tr><td>特殊光电器件</td></tr>
<tr><td rowspan="4">音频/视频电路</td><td>音频放大器、音频/射频信号处理器</td></tr>
<tr><td>视频电路、电视机电路</td></tr>
<tr><td>音频/视频数字处理电路</td></tr>
<tr><td>特殊音频/视频电路</td></tr>
<tr><td rowspan="4">线性电路</td><td>线性放大器、模拟信号处理器</td></tr>
<tr><td>运算放大器、电压比较器、乘法器</td></tr>
<tr><td>电压调整器、基准电压电路</td></tr>
<tr><td>特殊线性电路</td></tr>
</table>

集成电路也可以按照基本单元核心器件分类，包括我们都非常熟悉的双极型集成电路、MOS 型集成电路、双极-MOS 型(BIMOS)集成电路等。另外，集成电路也可以按照集成度分类，分为小规模、中规模、大规模、超大规模；按照通用或专用的程度分类，分为通用型、半专用、专用等几个类型；按应用环境条件进行分类，可以分为军用级集成电路、商业级集成电路、工业

级集成电路等，一般来说，对于相同功能的集成电路，工业级芯片的单价是商业级芯片的 2 倍以上，而军用级芯片的单价则可能达到商业级芯片的 4～10 倍。

由于近年来的技术进步，新的集成电路层出不穷，已经有越来越多的品种难以简单地照此归类。

半导体集成电路制造过程由晶圆制造(Wafer Fabrication)、晶圆测试(Wafer Probe/Sorting)、芯片封装(Assemble)、测试(Test)以及后期的成品(Finish Goods)入库所组成。这些半导体集成电路制作工序可以分为前道和后道工序。把晶圆制造称为前道(Front End)工序，主要加工过程是化学清洗、平面光刻、离子注入、金属沉积/氧化以及等离子体/化学刻蚀，制成晶体管、集成电路等半导体元件及电极等，开发材料的电子功能，从而实现所要求的元器件特性。典型的集成电路芯片的内部结构如图 1.1 所示。之后芯片被送到封装测试厂进行最后的加工，我们把芯片的封装及测试则被称为后道工序。芯片的封装又可细分成晶圆切割、黏晶、焊线、封胶、印字、剪切成型等加工步骤，完成完整的封装体，以确保元器件的可靠性，并便于与外电路连接。前道工序和后道工序一般在不同的工厂里进行加工。

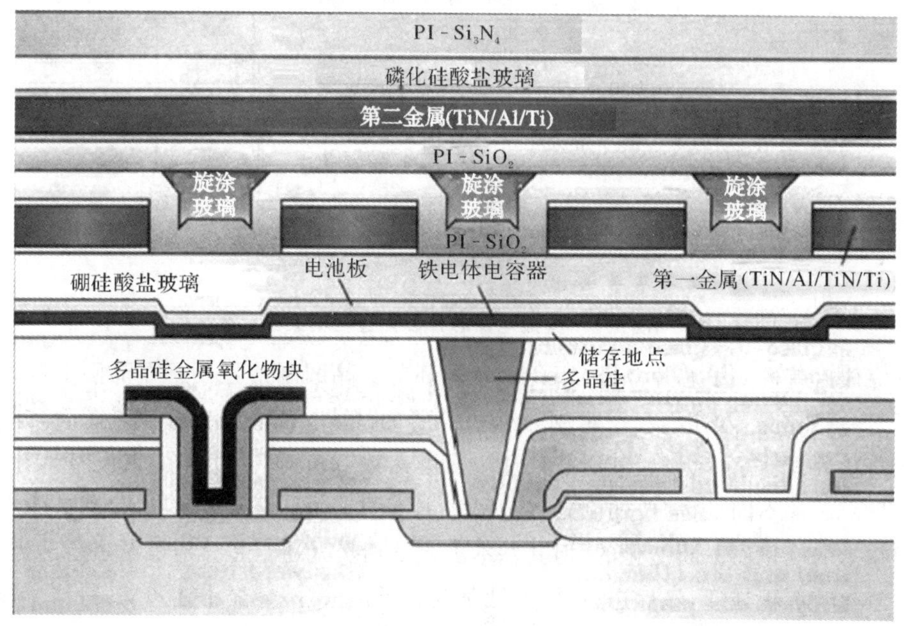

图 1.1　集成电路芯片的内部结构

集成电路设计与制造的主要流程框架图如图 1.2 所示。当人们接到具体的系统需求的时候，会对芯片指标进行分析，然后进行芯片设计。芯片设计包括电路设计和工艺设计。电路设计一般采用计算机辅助设计软件完成，特别是数字集成电路设计，对计算机辅助设计的依赖性极强，通过计算机辅助设计可以达到基本匹配预期的性能结果。所谓的工艺设计指的是若业界成熟工艺，则只需要选择具体工艺即可。通过具体工艺的模型参数，开展原理图绘制，接下来将开展版图仿真，在整个设计过程中是一个不断优化的仿真过程。集成电路芯片设计过程框架图如图 1.3 所示。

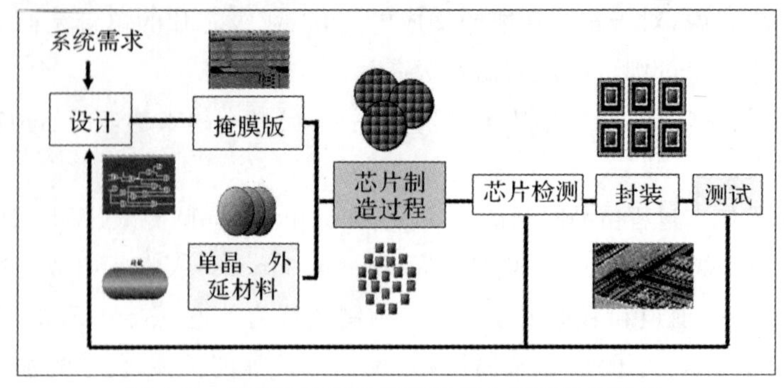

图 1.2　集成电路设计与制造的主要流程框架图

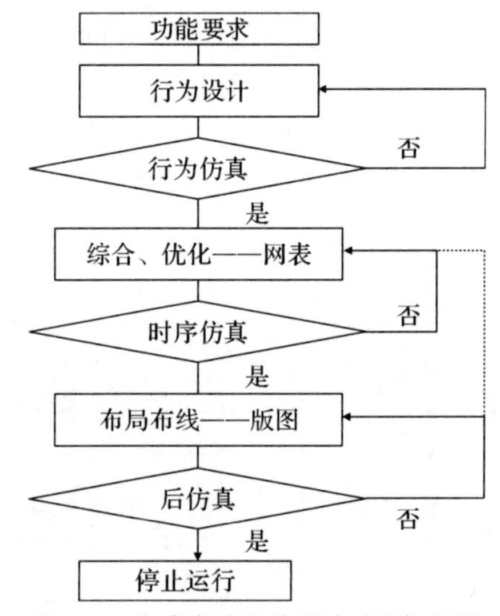

图 1.3　集成电路芯片设计过程框架图

设计完成后就进入了芯片晶圆(Wafer)制造环节。晶圆制造主要是在晶圆上制作电路与镶嵌电子元件(如电晶体、电容、逻辑闸等),所需要的技术十分复杂,而且需要巨大的资金投入。以制造微处理器芯片为例,其所需处理步骤可达数百道,而且所需加工设备十分精密,所以非常昂贵。芯片不同,所需要的制备工艺程序也不同。虽然详细的工艺程序是随着产品种类和使用技术的变化而不断变化的,但其基本工艺处理步骤通常是先对晶圆进行适当的清洗,接着进行氧化及沉积处理,最后进行微影、蚀刻及离子植入等,经过上述步骤,最终完成晶圆上电路的加工与制作。芯片制造过程如图 1.4 所示。制造好的晶圆经过划片工艺后,表面上会形成一道一道小格,每个小格就是一个晶片或晶粒(Die),即一个独立的集成电路。在一般情况下,一个晶圆上制作的晶片具有相同的规格,但是也有可能在同一个晶圆上制作规格等级不同的晶片。接下来将进入晶圆测试环节。晶圆测试要完成两个工作:一是对每一个晶片进行验收测试,通过针测仪器(Probe)检测每个晶片是否合格,不合格的晶片会被标上记号,以便在切割晶圆的时候将不合格晶片筛选出来;二是对每个晶片进行电气特性(如功率等)检测和分组,并作相应的区分标记。如果测试指标不理想,则应在此基础上进行设计优化,直至达到预期指标。

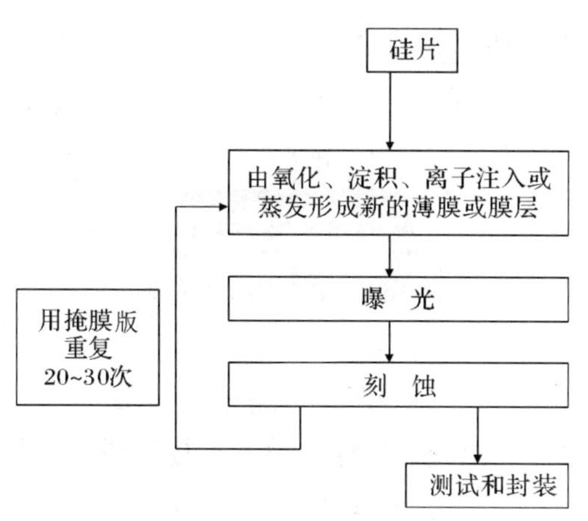

图 1.4　芯片制造过程

在晶圆测试合格后，就进入了后道的封装工序。首先，将切割好的晶片用胶水贴装到框架衬垫(Substrate)上，然后利用超细的金属导线或者导电性树脂将晶片的接合焊盘连接到框架衬垫的引脚上，使晶片与外部电路相连，构成特定规格的集成电路芯片(Bin)，最后用塑料外壳对独立的芯片加以封装保护，以保护芯片元件免受外力损坏。塑封之后，还要进行一系列操作，如后固化(Post Mold Cure)、切筋(Trim)、成型(Form)和电镀(Plating)等工艺。封装完成后将对芯片进行最终测试。封装好的芯片成功经过烤机(Burn In)后需要进行深度测试，测试包括初始测试(Initial Test)和最后测试(Final Test)。初始测试就是把封装好的芯片放在各种环境下测试其电气特性(如运行速度、功耗、频率等)，挑选出失效的芯片，按照电气特性把正常工作的芯片分为不同的级别。最后测试是对初始测试后的芯片进行级别之间的转换等操作。测试好的芯片经过半成品仓库后进入最后的终加工，包括激光印字、出厂质检、成品封装等，最后入库。

1.2　封装概念及功能

封装一词用于电子工程的历史并不长。在真空电子管时代(当时还没有封装这一概念)，将电子管等器件安装在管座上构成电路设备一般称为组装或装配。自从三极管、集成电路(Integrated Circuit，IC)等半导体元件出现，改变了电子工程的历史。一方面，这些半导体元件细小柔嫩；另一方面，其性能高，而且多功能、多规格。为了充分发挥芯片功能，需要将它补强、密封、扩大，以便与外电路实现可靠地电气连接，并得到有效地机械支撑、绝缘、信号传输等方面的保护作用。“封装”的概念正是在此基础上出现的。

电子封装可以分为广义封装与狭义封装。

狭义的电子封装(Package)，是把集成电路装配为芯片最终产品的过程，简单地说，就是把晶圆代工厂(Foundry)生产出来的集成电路裸片放在一块起到承载作用的基板上，把引脚引出来，然后通过可塑性绝缘介质固定，包装成为一个整体。

以双列直插式(Dual In-Line Package，DIP)芯片的封闭为例，如图 1.5 所示。在晶圆上划出裸片，检测合格后，将其紧贴安装在基底上，再将多根金属导线(Bonding Wire，一般用金线)

把裸片上的金属接触点与外部的引脚通过焊接连接起来，然后埋入树脂，用塑料管壳密封起来，形成芯片整体。

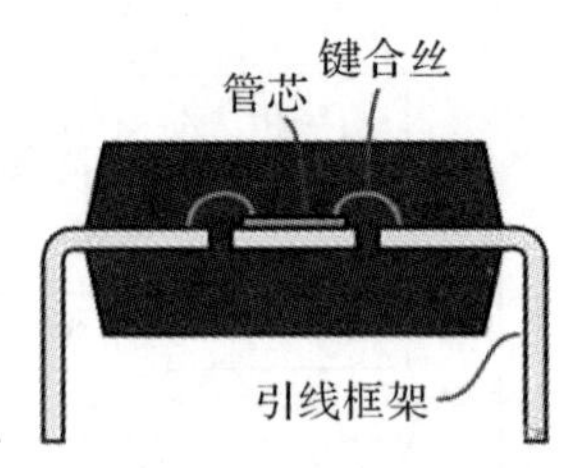

图 1.5　双列直插或芯片的封装

广义的电子封装是狭义的封装与实装工程及基板技术的总和，指将半导体和电子元器件所具有的电子和物理功能，转变为能适用于设备或系统的形式，同时要确保整个系统的综合性能，并使之为人类社会服务的科学技术。这些统称为电子封装工程。

封装最基本的功能是保护电路芯片免受周围环境的影响（包括物理、化学的影响）。在最初的微电子封装中，科学家用金属罐（Metal Can）作为晶体管的外壳，使元器件与外界完全隔离并保持气密，通过这种方法来保护脆弱的电子元件。封装的芯片保护功能很直观，保护芯片表面以及连接引线等，使在电气或物理等方面相当柔嫩的芯片免受外力损害及外部环境的影响。同时，由于热等外部环境的影响或者芯片自身发热等都会产生应力，封装可以缓解应力，防止发生损坏失效，保证可靠性。

随着集成电路技术的发展，尤其是芯片钝化层技术的不断改进，封装的功能也在慢慢异化。一般来说，用户所需要的并不是芯片管芯，而是由芯片和封装构成的半导体器件。封装是半导体器件的外缘，是芯片与实装基板间的界面。因此无论封装的形式如何，封装最主要的功能应是芯片电气特性的保持功能。封装可以实现并保持从集成电路器件到系统之间的连接，包括电学连接和物理连接。

除此之外，人们还希望封装可以实现由芯片的微细引线间距调整到实装基板的尺寸间距，从而便于实装操作。目前，集成电路芯片的 I/O 线越来越多，它们的电源供应和信号传送都要通过封装来实现与系统的连接。例如，从纳米级（目前已小于 10 nm）为特征尺寸的芯片到以 10 μm 为单位的芯片电极凸点，再到以 100 μm 为单位的外部引线端子，最后到以毫米为单位的实装基板，都是通过封装来实现的。在这里封装起着由小到大、由难到易、由复杂到简单的变换作用，以实现对电能传递和信号传递的功能。通过封装，可使操作费用及资材费用降低，使工作效率和可靠性提高，同时保证实用性或通用性。

因此，通常认为半导体封装主要有电能传递、信号传递、热扩散、电路支撑与保护四大功能。

（1）电能传递，主要是电源电压的分配与导通。首先，封装要能使芯片与电路接通电源。其次，封装要合理分配不同部位的电压。此外，封装还要分配好接地线。

（2）信号传递，主要是功能信号传递与导通。人们希望尽可能降低信号的延迟，因此封装时应该使信号线与芯片的连接路径及 I/O 口引出的路径最短，在高频情况下还要减少信号间串扰的影响。

（3）热扩散，主要是通过封装将器件工作产生的热量排出来。不同材料和结构的封装的散热效果不尽相同，对于功耗大的芯片，还要考虑附加热沉或采取风冷、水冷等措施来使芯片工作在正常的温度范围内。

(4)电路支撑与保护，主要是封装为芯片和器件提供机械支撑，使系统能在不同环境下工作。芯片在封装之前都会处在周围环境的威胁中，所以将芯片密封对芯片的保护作用至关重要。

1.3 封装等级

微电子封装分为三级(也有文献将从集成电路裸片到电子整机的整个电子装联过程细分为从零级到5级的6个级别)。

所谓一级封装就是在半导体圆片裂片以后，将一个或多个集成电路芯片用适宜的封装形式封装起来，并使芯片的焊区与封装的外引脚用引线键合(Wire Bonding，WB)、载带自动键合(Tape Automated Bonding，TAB)或倒装芯片键合(Flip Chip Bonding，FCB)连接起来，使之成为有实用功能的电子元器件或IC组件，如图1.6所示。

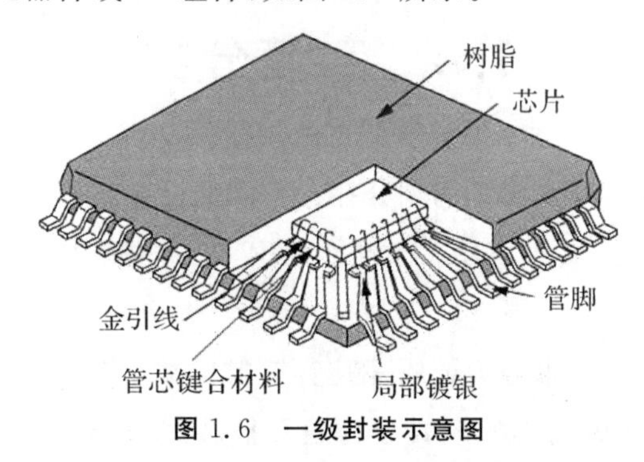

图1.6　一级封装示意图

一级封装包括单芯片组件(Single Chip Module，SCM)和多芯片组件(Multi Chip Module，MCM)两大类。应该说一级封装包含了从圆片裂片到电路测试的整个工艺过程，即我们常说的后道封装，还要包含SCM和MCM的设计和制作，以及各种封装材料，如引线键合丝、引线框架、装片胶和环氧模塑料等的设计和制作内容。一级封装工艺设计需要考虑到单芯片或者多芯片之间的布线、与PCB节距的匹配、封装体的散热情况等。一级封装也称芯片级封装。

二级封装就是将一级微电子封装产品连同无源元器件一同安装到印制板或其他基板上，成为部件或整机。这一级所采用的安装技术包括通孔安装技术(Through Holemounting Technology，THT)、表面安装技术(Surface Mount Technology，SMT)和芯片直接安装技术(Direct Chip Attach，ADCA)等。二级封装还应该包括双层、多层印制板、柔性电路板和各种基板材料的设计和制作，如图1.7所示。二级封装也称板级封装。除了特别要求外，二极封装一般不单独加封装体，具体产品，如计算机的显卡、PCI数据采集卡等都属于二级封装。如果二级封装能实现某些完整的功能，则需要将其安装在同一封装壳体中，例如USB数据采集卡，创新的外置USB声卡等。

图 1.7　二级封装产品示意图

三级封装就是将二级封装的产品通过选层、互连插座、线束线缆或柔性电路板与母板连接起来，形成三维立体封装，构成完整的整机系统，这一级封装应包括连接器、叠层组装和柔性电路板及相关材料等的、设计和组装技术。这一级也称系统级封装。三级封装可以实现密度更高、功能更全的组装，通常是一种立体组装技术。例如，一台 PC 的主机、一个 PXI 数据采集系统、汽车的 GPS 导航仪，这些都属于三级微电子封装的产品。

1.4　封装分类

半导体行业对芯片封装技术水平的划分存在不同的标准，集成电路的封装存在两种标准：JEDEC 标准和 EIAJ 标准。其中 EIAJ 标准主要用于日本市场，而 JEDEC 标准应用范围较广。

集成电路的封装按材料基本分为金属、陶瓷、塑料三类，按封装密封性方式可分为气密性封装和树脂封装两类，按电极引脚的形式分为通孔插装式(Pin Through Hole，PTH)及表面安装式(Surface Mount Technology，SMT)两类。目前国内通行的是采取封装芯片与基板的连接方式来划分。本节将具体介绍集成电路芯片的各种封装分类方法。

1.4.1　根据材料分类

(1)金属封装。金属封装始于三极管封装，后慢慢地应用于直插式扁平式封装。由于该种封装尺寸严格、精度高、金属零件便于大量生产、封装工艺灵活，所以被广泛应用于晶体管和混合集成电路，如振荡器、放大器、鉴频器、交直流转换器、滤波器、继电器等等产品上，现在许多微型封装及多芯片模块(MCM)也采用此金属封装。

(2)陶瓷封装。早期的半导体封装多以陶瓷封装为主，伴随着半导体器件的高度集成化和高速化的发展，电子设备的小型化和价格的降低，陶瓷封装部分地被塑料封装代替，但陶瓷封装的许多用途仍然不可替代，特别是集成电路组件工作频率的提高，信号传送速度的加快和芯片功耗的增加，我们需要选择低电阻率的布线导体材料，低介电常数、高导电率的绝缘材料进行封装。这个时候陶瓷封装就凸显了它的重要性。一般地，用 C -(Ceramic) 前缀表示陶瓷封装。

(3)金属-陶瓷封装。它是以传统多层陶瓷工艺为基础,以金属和陶瓷材料为框架而发展起来的。它的最大特征是高频特性好而噪声低,一般应用于微波功率器件,如微波毫米波二极管、微波低噪声三极管、微波毫米波功率三极管。正因如此,它对封装体积大的电参数,如有线电感、引线电阻、输出电容、特性阻抗等要求苛刻,所以这种封装的成品率比较低。同时金属-陶瓷封装必须很好地解决多层陶瓷和金属材料膨胀系数差距大的问题,这样才能保证其可靠性。

(4)塑料封装。塑料封装由于其成本低、工艺简单,并适于大批量生产,因而具有极强的生命力。自诞生起,塑料封装发展得越来越快,在封装中所占的份额越来越大。目前塑料封装在全世界范围内占集成电路市场的95%以上,而90%以上的塑封料是环氧树脂塑封料和环氧液体灌封料。消费类电路和器件基本上是塑料封装的天下,其在工业类电路中所占的比例也很大,其封装形式种类也最多。一般用P-(Plastic)前缀表示塑料封装。

1.4.2　根据密封性分类

按封装密封方式,封装可分为气密性封装和非气密性封装(树脂封装)两类。封装的重要目的是将芯片与外部温度、湿度、空气等环境隔绝,有保护和电气绝缘的作用,同时还可向外散热及缓和应力。气密性封装和树脂封装,虽然封装材料不同,但都能够实现上面的两个功能。目前由于封装技术及材料的改进,树脂封装占绝对优势。相比较而言,气密性封装可靠性较高,但价格也高。但是在有些特殊领域,比如军工、航空、航天、航海等,气密性封装是必不可少的。气密性封装所用到的外壳可以是金属、陶瓷玻璃,而其中气体可以是真空、氮气及惰性气体。

1.4.3　根据外形、尺寸、结构分类

依据芯片与印制电路板(Printed Circait Board,PCB)的连接方式,半导体封装可划分为引脚插入式(也称插入式、通孔式、插装型)封装和表面贴装式(也称"表面贴装型封装")。

对于引脚插入式封装(Through-Hole Mount),使用时需要将引脚插片封装的集成电路插入PCB中。首先需要在PCB中根据集成电路的引脚尺寸(Foot Print)做出对应的小孔,将集成电路主体部分放置在PCB板的一面,然后将引脚直接插入PCB中,再由浸锡法进行波峰焊接,以实现电路连接和机械固定。在早期集成电路中,由于芯片集成度不高,芯片工作所需的输入/输出管脚数较少,所以多采用该种封装形式。由于引脚直径和间距都不能太小,所以印刷电路板上的通孔直径、间距乃至布线都不能太小。而且引脚插入式封装只用到印刷电路板的一面,难以实现高密度封装。引脚插入式封装可分为引脚在一端的封装(Single ended),引脚在两端的封装(Double ended)和引脚矩阵封装(Pin Grid Array)。

表面贴片封装(Surface Mount)是从引脚直插式封装发展而来的,其主要优点是降低了PCB电路板设计的难度,同时也大大减小了本身尺寸。插入式封装消耗了PCB板两面的空

间,而对多层的 PCB 板而言,需要在设计时在每一层将需要钻孔的地方腾出。而对于表面贴片封装的集成电路,只需将它放置在 PCB 板的一面,并在它的同一面进行焊接,不需要钻孔,这样就降低了 PCB 电路板设计的难度。表面贴片封装的主要优点是减小了本身尺寸,从而加大了 PCB 上 IC 的密集度。但是用这种方法焊上去的芯片,如果不用专用工具是很难拆卸下来的。根据引脚所处的位置,表面贴片封装可分为 Single-ended(引脚在一面)、Dual(引脚在两边)、Quad(引脚在四边)、Bottom(引脚在下面)、BGA(引脚排成矩阵结构)及其他。

1.4.4 常见封装类型

目前市场上的封装类型繁多。为了使大家有一个更相信的了解,下面介绍最常见的 13 种封装类型:

1. DIP(Dual in-line Package)

DIP(见图 1.8)叫作双列直插式封装,是引脚插入式封装之一。这种封装的引脚从封装两侧引出,封装材料有塑料和陶瓷两种。DIP 是最普及的插装型封装,应用场合包括标准逻辑 IC、存贮器 LSI、微机电路等。引脚中心距 2.54 mm,引脚数从 6 个 到 64 个。封装宽度通常为 15.2 mm。有的把宽度为 7.52 mm 和 10.16 mm 的封装分别称为 skinny DIP 和 slim DIP(窄体型 DIP)。但多数情况下并不加区分,只简单地统称为 DIP。CDIP 封装是指用玻璃密封的陶瓷双列直插式封装,用于 ECL RAM,DSP(数字信号处理器)等电路。

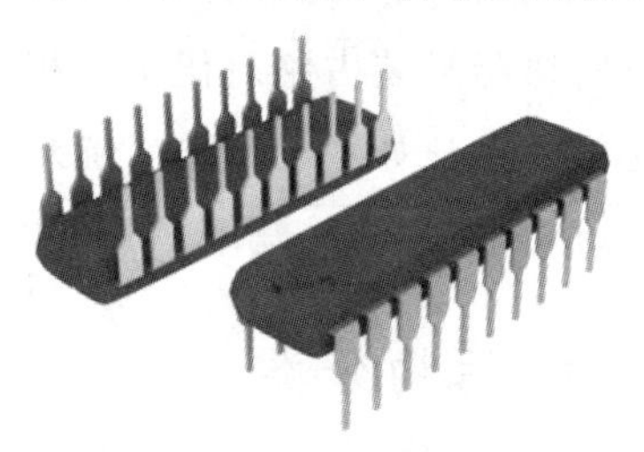

图 1.8 DIP 封装

2. DFP(Dual Flat Package)

DFP 封装(见图 1.9)叫作双侧引脚扁平封装,是表面贴装型封装之一。部分半导体厂家采用 SOP 这个称呼,即双侧引脚小外形封装。引脚从封装两侧引出呈海鸥翼状("L"字形)。材料有塑料和陶瓷两种。DFP 封装除了用于存储器 LSI 外,也广泛用于规模不太大的 ASSP(Application Specific Standard Parts) 等电路。

图 1.9 DFP 封装

3. BQFP (Quad Flat Packagewith Bumper)

BQFP 封装(见图 1.10),即带缓冲垫的四侧引脚扁平封装,是常用的 QFP 封装之一,属于表面贴装型封装。在封装本体的四个角设置突起(缓冲垫)以防止在运送过程中引脚发生弯曲变形。美国半导体厂家主要在微处理器和 ASIC 等电路中采用此封装。BQFP 封装的引脚中心距为0.635 mm,引脚数约为 84~196 个。

图 1.10　BQFP 封装

4. FQFP(Fine-pitch Quad Flat Package)

FQFP 封装(见图 1.11),即小引脚中心距 QFP 封装,是表面贴装型封装之一。通常,引脚中心距小于 0.65 mm 的 QFP 以塑料四边引出扁平封装 PQFP(Plastic Quad Flat Package)的封装形式最为普遍。其芯片引脚之间距离很小,引脚很细,很多大规模或超大集成电路都采用这种封装形式,引脚数量一般都在 100 个以上。Intel 系列 CPU 中 80286、80386 和某些 486 主板芯片采用这种封装形式。这种封装形式的芯片必须采用 SMT(表面安装设备)技术将芯片与电路板焊接起来。采用 SMT 技术安装的芯片不必在电路板上打孔,一般在电路板表面上有设计好的相应引脚的焊点。将芯片各脚对准相应的焊点,即可实现与主板的焊接。用这种方法焊上去的芯片,如果不用专用工具是很难拆卸下来的。以下是一颗 AMD 的 QFP 封装的 286 处理器芯片,该芯片拥有 0.5 mm 焊区中心距,208 根 I/O 引脚,外形尺寸为 28mm×28 mm,芯片尺寸为 10mm×10 mm。它的芯片面积/封装面积为 10×10/(28×28)=1∶7.8,由此可见,QFP 比 DIP 的封装尺寸大大减小了。

图 1.11　FQFP 封装

5. CQFP (Ceramic Quad Flat Package)

CQFP 封装(见图 1.12)是表面贴装型封装之一,即密封的陶瓷 QFP。CQPF 封装散热性比塑料 PQFP 好,在自然空冷条件下可容许 1.5~ 2 W 的功率。但封装成本比塑料 QFP 高 3~5 倍。封装的引脚中心距有 1.27 mm、0.8 mm、0.65 mm、 0.5 mm、 0.4 mm 等多种规格,引脚数在 32～368 之间。这种封装主要用于 DSP 等逻辑大规模电路。带有窗口的 CQFP 封装也可以用于封装 EPROM 电路。

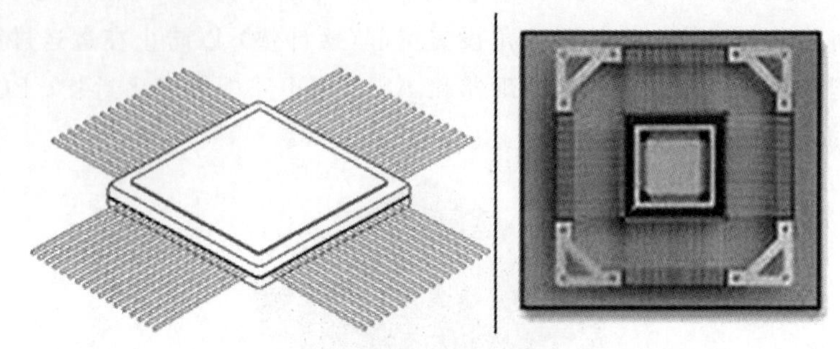

图 1.12 CQFP 封装

6. LCC(Leadless Chip Carrier)

LCC 封装(见图 1.13)是表面贴装型封装之一,即无引脚芯片载体,指陶瓷基板的四个侧面只有电极接触而无引脚的表面贴装型封装。它是高速和高频 IC 常用的封装,也称为陶瓷 QFN 或 QFN－C。

图 1.13 LCC 封装

7. CLCC 封装 (Ceramic Leaded-Chip Carrier)

CLCC 封装(见图 1.14),即带引脚的陶瓷芯片载体,是表面贴装型封装之一。这种封装的引脚从封装的四个侧面引出,呈“丁”字形。带有窗口 CLCC 封装被用于封装紫外线擦除型 EPROM 以及带有 EPROM 的微机电路等。此封装也称为 QFJ、QFJ－G。

图 1.14 CLCC 封装

8. PLCC(Plastic Leaded Chip Carrier)

PLCC 封装(见图 1.15)是一种带引线的塑料的芯片封装载体,属于表面贴装型的封装形式。这种封装的引脚从封装的四个侧面引出,呈“丁”字形,外形尺寸比 DIP 封装小得多。PL-CC 为特殊引脚芯片封装,是贴片封装的一种,这种封装的引脚在芯片底部向内弯曲,因此在芯片的俯视图中是看不见芯片引脚的。PLCC 封装适合用 SMT 表面安装技术在 PCB 上安装布线，其具有外形尺寸小、可靠性高的优点。因为这种芯片的焊接采用回流焊工艺，需要专用的焊接设备，在调试时要取下芯片也很麻烦，所以现在已经很少用了。

图 1.15　PLCC 封装

9. COB(Chip On Board)

COB 封装(见图 1.16)，即板上芯片封装，是裸芯片贴装技术之一。半导体芯片交接贴装在印刷线路板上，芯片与基板的电气连接用引线缝合方法实现，芯片与基板的电气连接用引线缝合方法实现，并用树脂覆盖。COB 是最简单的裸芯片贴装技术。

图 1.16　COB 封装

10. PGA(Pin Grid Array)

PGA 封装(见图 1.17)，即陈列引脚封装，是插装型封装之一。这种封装的底面的垂直引脚呈阵列状排列。引脚中心距通常为 2.54 mm，引脚数约为 64～447 个。封装基材基本上都采用多层陶瓷基板，所以在未专门表示出材料名称的情况下，多数为陶瓷 PGA。PGA 封装主要用于高速大规模逻辑 LSI 电路。由于陶瓷 PGA 封装的成本较高，因此为了降低成本，封装基材可用玻璃环氧树脂印刷基板代替。

图 1.17　PGA 封装

11. LGA(Land Grid Array)

LGA 封装(见图 1.18),即触点阵列封装,在底面制作有阵列状态钽电极触点的封装,属于表面贴装。装配时插入插座即可。目前市场上有 227 触点(1.27 mm 中心距)和 447 触点(2.54 mm 中心距)的陶瓷 LGA。与 QFP 相比,LGA 能够以比较小的封装容纳更多的输入输出引脚。另外由于引线的阻抗小,对于高速大规模集成电路的应用是很适用的。

图 1.18 LGA 封装

12. BGA (Ball Grid Array)

BGA 封装(见图 1.19),即球形触点阵列封装,属于表面贴装型封装,也称为凸点阵列载体(PAC,Pad Array Carrier)。该封装是由美国 Motorola 公司开发的,它的主要工艺是在印刷基板的背面按陈列方式制作出球形凸点用以代替引脚,在刷基板的正面装配 LSI 芯片,然后用模压树脂或灌封方法进行密封。BGA 封装的引脚可超过 200 个,是多引脚 LSI 用的一种封装。封装本体可做得比 QFP 小。例如,引脚中心距为 1.5 mm 的 360 引脚 BGA 面积仅为31 mm^2;而引脚中心距为 0.5 mm 的 304 引脚 QFP 面积为 40 mm^2。而且使用 BGA,不用担心 QFP 那样的引脚变形问题。由于 BGA 的管脚数量很大且非常密集,在经过回流焊后的外观检查中存在一定困难,目前主要通过功能检查来处理。

图 1.19 BGA 封装

13. MCM (Multiple Chip in Module)

MCM 封装(见图 1.20),即多芯片组件,主要是将多块半导体裸芯片组装在一块布线基板上的一种封装。MCM 封装根据基板材料可分为 MCM-L,MCM-C 和 MCM-D 三大类。MCM-L 是使用通常的玻璃环氧树脂多层印刷基板的组件,它的布线密度不高,成本较低。MCM-C 是用厚膜技术形成多层布线,以陶瓷(氧化铝或玻璃陶瓷)作为基板的组件,与使用多层陶瓷基板的厚膜混合IC类似，布线密度高于MCM-L。MCM-D用薄膜技术形成多层布线，以陶瓷（氧化铝或氮化铝）或Si、Al作为基板的组件。MCM-D的布线密度在三种组件中是最高的，但成本也高。

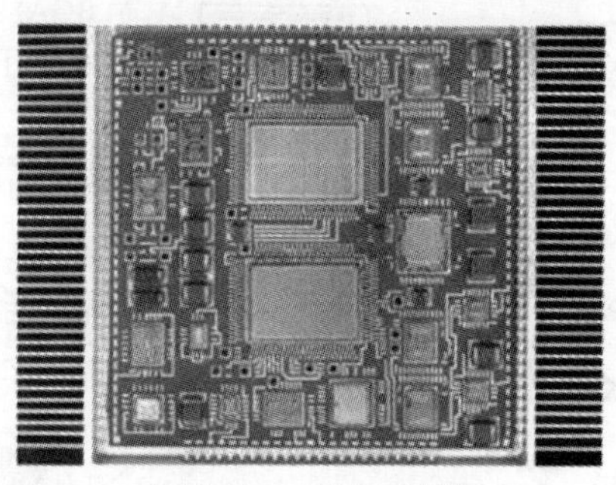

图1.20　MCM封装

1.5　封装技术历史和发展趋势

随着集成电路的不断发展，封装技术也发生了很大的变化。在20世纪80年代以前，封装的主要技术是针脚插装（Pin Through Hole，PTH），其特点是将插孔安装到PCB上，主要形式有SIP、DIP、PGA。它们的不足之处是密度、频率难以提高，故难以满足高效自动化生产的要求。在20世纪80年代中期，封装技术进入了表面贴装时代，出现了各种表面贴装封装类型，如SOP、QFP封装等。20世纪90年代出现了第二次飞跃，进入了面积阵列封装时代。该阶段主要的封装形式有球型触点阵列封装（BGA）、芯片尺寸封装（Chip Scale Packge，CSP）、无引线四边扁平封装（Plastic Quad Flat No-leads Package，PQFN）、多芯片组件（MCM）。BGA技术使得在封装中占有较大体积和重量的管脚被焊球所替代，芯片与系统之间的连接距离大大缩短，BGA技术的成功开发，使得一直滞后于芯片发展的封装终于跟上芯片发展的步伐。为适应手机、笔记本电脑等便携式电子产品小、轻、薄、低成本等需求，在BGA的基础上又发展了CSP。CSP技术解决了长期存在的芯片小而封装大的根本矛盾，引发了一场集成电路封装技术的革命。进入21世纪，半导体发展进入超大规模半导体时代，迎来了微电子封装技术堆叠式封装时代，在封装观念上发生了革命性的变化，从原来的封装元件概念演变成封装系统。多芯片组件（MCM）和系统封装（System in Package，SiP）也在蓬勃发展，这可能孕育着电子封装的下一场革命性变革。MCM可实现多种功能芯片的集成封装技术。SiP是为整机系统小型化的需要，提高半导体功能和密度而发展起来的。SiP使用成熟的组装和互连技术，把各种集成电路如CMOS电路、GaAs电路、SiGe电路或者光电子器件、MEMS器件以及各类无源元件如电阻、电容、电感等集成到一个封装体内，实现整机系统的功能。

总而言之，封装技术朝着超小型化、高集成度、高密度发展，随着IC封装的外引线越来越多，多引脚封装是今后的主流，目前已出现了超小型化封装形式——晶圆级封装技术（Wafer Level Package，WLP）。同时IC功耗越来越大，热阻由于尺寸缩小而变大，设备使用环境更复杂，这些因素都要求设备必须在高温下长期保证稳定性和可靠性，因此封装也需要更加适应高发热、具有更高的可靠性。另外,环保的要求对微电子芯片要求更加苛刻,封装已慢慢进入无铅时代。电子封装的发展趋势如图 1.21 所示。

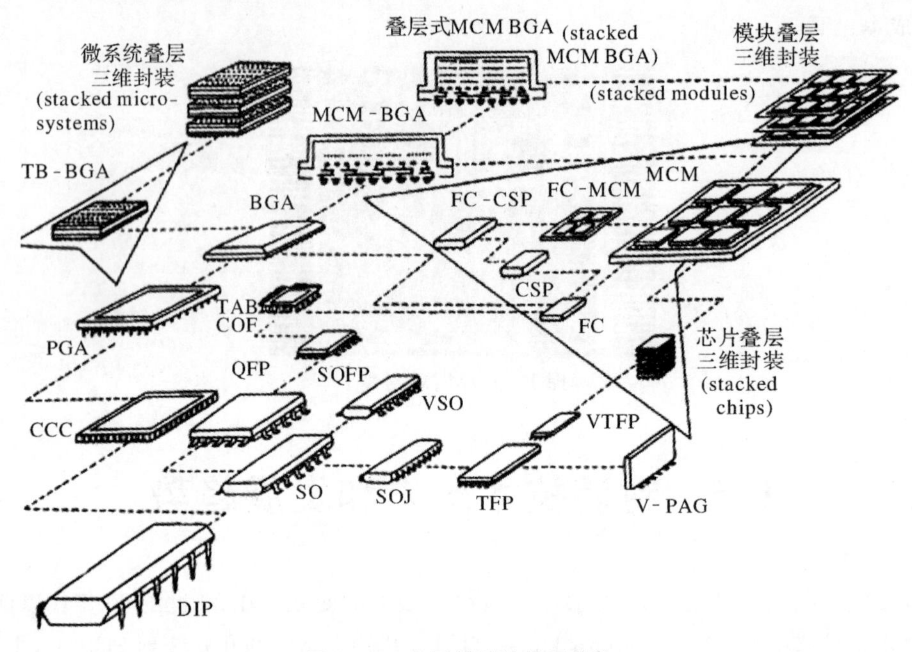

图 1.21　电子封装的发展趋势

第 2 章　微电子制造技术

微电子制造技术包括衬底材料制备技术和 IC 芯片制造技术。其中衬底材料制备技术包括多晶硅的制备、单晶硅的生长、切片工艺以及外延工艺。IC 芯片电路制造技术包括氧化、扩散、离子注入、薄膜沉积、光刻、金属化、平坦化等工艺。IC 芯片电路制造技术是集成电路制造技术的核心。

2.1　衬底材料制备

在晶圆制造之前，首先要完成衬底材料的制造。以硅基芯片为例，它的衬底材料主要是硅材料。

首先介绍多晶硅的制备方法。多晶硅是由石英石经过一系列复杂的工艺流程加工而制得的。多晶硅的制备方法主要有三种，包括四氯化硅氢还原法、三氯氢硅氢还原法和硅烷热分解法。多晶硅是制备单晶硅的关键原材料。图 2.1 所示为制备多晶硅三种方法的工艺流程图。

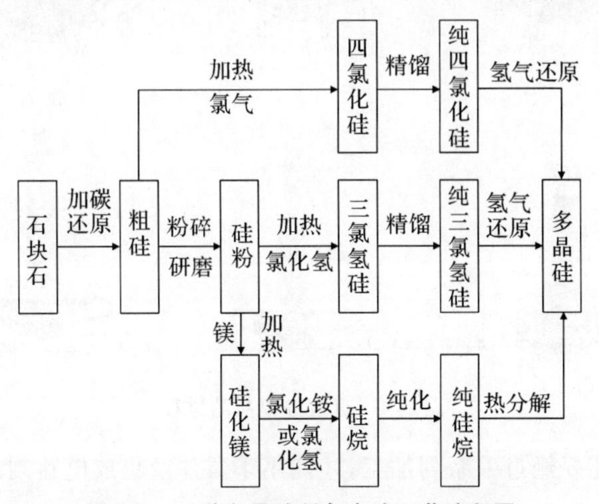

图 2.1　三种多晶硅制备方法工艺流程图

单晶硅是集成电路制造中关键衬底材料，通常用直拉单晶工艺进行制备。单晶硅晶锭如图 2.2 所示，是一个末端呈椎体的圆柱形。单晶炉是制备单晶硅的关键设备，其结构如 2.3 所示，单晶炉主要由炉体部分、加热控温系统、真空系统和控制系统四部分组成。炉体部分主要由坩埚、升降夹头、基座等组成；加热控温系统由加热器、绝缘体（隔热）和温度传感器组成；真空系统由真空泵、进气阀、扩散泵等组成；控制系统由显示器、传感器、控制面板等组成。

图 2.2　单晶硅晶锭

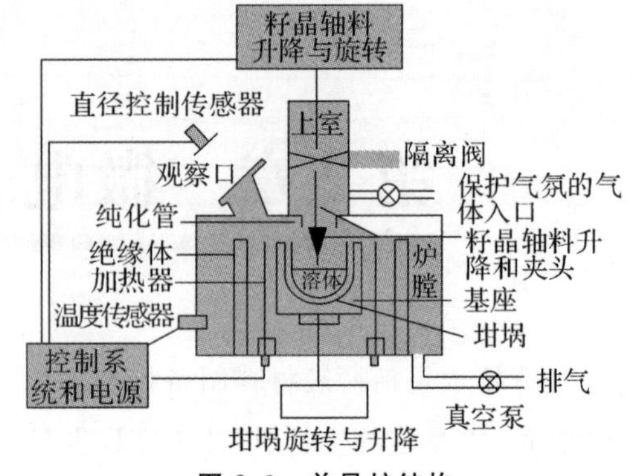

图 2.3　单晶炉结构

直拉硅单晶的过程如图 2.4 所示。整个直拉单晶硅的过程分成开炉、引晶、缩颈、放肩、等径生长和收尾等步骤。开炉是指开启真空设备将生长室抽真空，然后升温，将多晶硅熔化。引晶又称下种，是将籽晶与熔融多晶硅接触。缩径是指籽晶与熔融多晶硅浸润良好后，在界面很快形成结晶胚芽时，适当降低温度，缓慢升起籽晶，收缩出晶径。放肩是指将收缩出的晶颈放大到所拉制晶锭的直径尺寸。等径生长是在晶颈到达要求的直径后，适当升高温度，加快升起速度，等速拉出等径硅锭。收尾是指等径生长后，通常会拉出一个锥形尾体。

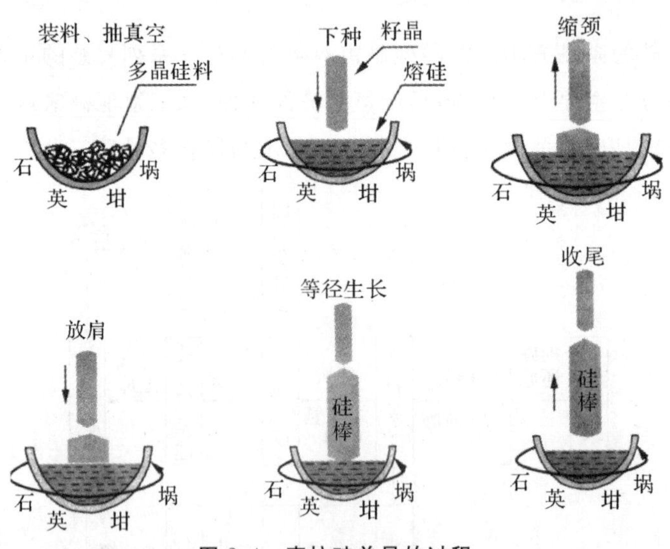

图 2.4　直拉硅单晶的过程

拉制成的单晶硅还要经过一系列加工，才能用于器件及集成电路制造，单晶硅切片加工的流程如图 2.5 所示，主要经过切断、滚磨、定晶向、切片、倒角、研磨、腐蚀、抛光、清洗和检测等 10 个工艺步骤。首先要对硅晶锭进行切断，即切除单晶硅的头部、尾部以及超规格部分，使得单晶硅达到切片设备可以处理的长度。接下来，为了得到比较精准的直径，对硅晶锭进行滚磨。因为单晶硅的外表面并不平整，通过滚磨工艺可以实现表面的平整，从而获得比较精准的直径。然后进行定晶向工艺。定晶向是通过 X 射线衍射的方法确定单晶硅的晶向。之后就可以对晶锭进行切片,通过切片工艺将单晶硅锭切成具有精确几何尺寸的薄晶片。接下来通过倒角工艺将切好的晶片的边缘修整成圆弧形,防止晶片边缘破裂。然后通过研磨工艺除去晶片表面由于切片带来的划痕和表面损伤,改善晶片的平坦度。然后进入腐蚀工艺,通过酸性物质或者碱性物质除去加工带来的表面损伤。接下来对硅片进行抛光,去除晶片表面的微缺陷,降低表面粗糙度值和提高平坦度。然后进行清洗,有效除去晶片表面的污染物。最后对硅片进行检测,检验的对象为晶片表面粗糙度和平坦度等。

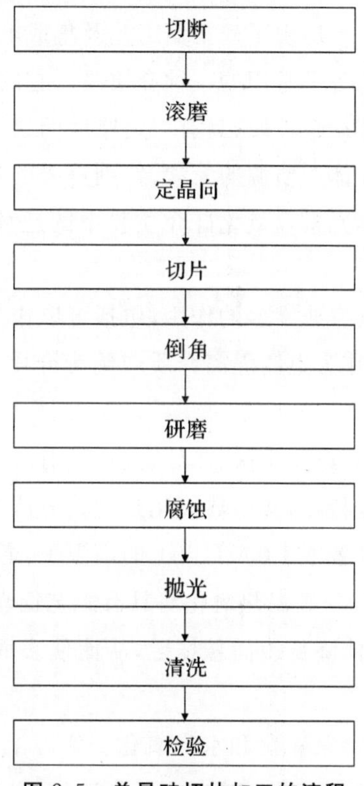

图 2.5　单晶硅切片加工的流程

2.2　集成电路芯片制造技术

芯片制造过程如图 2.6 所示。

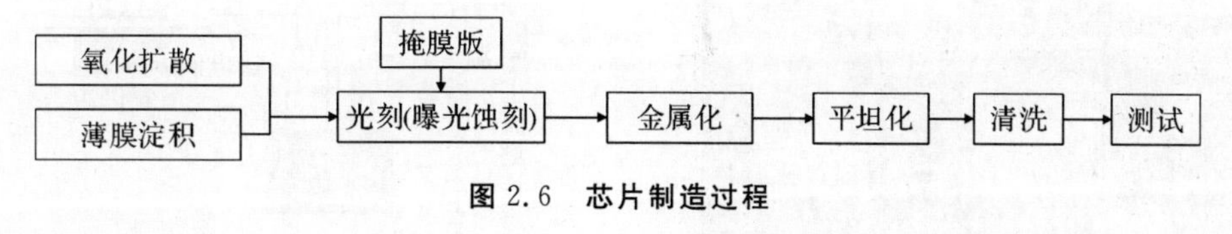

图 2.6　芯片制造过程

集成电路芯片的制造过程如图 2.6 所示。本节将详细描述各工艺的内容。

2.2.1 氧化

硅暴露在空气中,即使在室温条件下,其表面也能长成一层的氧化膜(二氧化硅膜)。这一层氧化膜相当致密,同时又能阻止硅表面继续被氧原子所氧化,而且还具有极稳定的化学性和绝缘性。特别重要的是,氧化硅介质膜可极为明显地限制硼、磷、砷、锑等Ⅲ、Ⅴ价化学元素在氧化硅介质膜中的迁移速度。经研究表明,硅氧化膜除具有上述特点之外,还能对某些杂质起到掩蔽作用(即杂质在二氧化硅中的扩散系数非常小),从而可以实现选择性扩散。这样,二氧化硅的制备与光刻、扩散的结合,才出现了硅平面工艺及集成电路的发展。

二氧化硅膜是半导体器件制备中常用的一种介质膜。它的化学稳定性极高,除氢氟酸外,和别的酸不起反应,不溶于水;有掩蔽性质,具有一定厚度的二氧化硅膜在一定温度、一定时间内能阻止硼、磷、砷等常作为半导体杂质源的元素,特别重要的是,氧化硅介质膜可极为明显地限制硼、磷、砷、锑等三、五价化学元素在氧化硅介质膜中的迁移速度,而且二氧化硅具有绝缘性质。

在半导体器件中二氧化硅膜有非常多的作用,包括可以作为杂质扩散掩的蔽膜层;对器件表面起到保护或钝化膜的作用;作为电路隔离介质或绝缘介质,也可以作为电容介质材料;作为 MOS 管的绝缘栅材料;等等。

氧化硅 SiO_2 的制备方法包括热氧化法、热分解法、溅射法、真空蒸发法、阳极氧化法、等离子氧化法等。各种制备方法各有特点,其中热氧化是这些方法中应用最为广泛的。

高温热氧化法就是把衬底片置于 1 000℃以上的高温下,通入氧化性气体(如氧气、水汽),使衬底表面的一层硅氧化成 SiO_2。高温热氧化法具有工艺简单、操作方便、氧化膜质量佳、膜的稳定性和可靠性好等优点,还能降低表面悬挂键,从而使表面态势密度减小,很好地控制界面陷阱和固定电荷。

热氧化又可分为干氧氧化、湿氧氧化和水汽氧化。实际上通常选择干氧—湿氧—干氧的方法作为实际热氧化工艺。这种方法既有较高的氧化速率,又可以生成干燥致密的呈疏水性的二氧化硅表面,因此被广泛使用。

常规热氧化的设备大致相同,如图 2.7 所示。氧化炉管为高纯度的石英管,炉内装可以一次性装载 200 片硅片,进行同时氧化。随着集成电路制造工艺不断提高,对所使用的设备要求更高了。

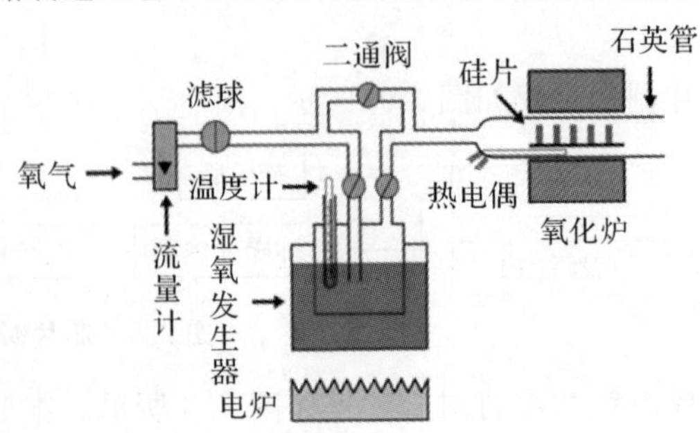

图 2.7 常规热氧化系统

2.2.2 掺杂扩散

超大规模集成电路的制造工艺工序中，杂质的掺杂与扩散是重要工序之一。掺杂技术就是将所需要的杂质，以一定的方式(合金、扩散和离子注入等)加入硅片内部，并使其在硅片中的数量和浓度分布符合预定的要求。利用掺杂技术，可以制作 P-N 结、欧姆接触区、IC 中的电阻、硅栅和硅互连线等。

掺杂扩散的方法有：扩散掺杂(替位式扩散)和离子注入掺杂(间隙式扩散)。

(1)扩散掺杂(替位式扩散)。扩散掺杂是依赖杂质的浓度梯度形成扩散掺杂的过程，又称替位式扩散，杂质离子替代硅原子的位置。杂质离子一般选用Ⅲ、Ⅴ族元素；一般要在很高的温度(950～1 280℃)下进行；磷、硼、砷等在二氧化硅层中的扩散系数均远小于在硅中的扩散系数，可以利用氧化层作为杂质扩散的掩蔽层。扩散方法多种多样，主要有：

1)气-固扩散法。

a. 气态源扩散：杂质源为气态，稀释后挥发进入扩散系统。常用的杂质源：B_2H_6，AsH_3，PH_3。

b. 液态源扩散：杂质源为液态，如图 2.8 所示，由保护性气体携带进入扩散系统。常用的杂质源：BBr_3，$AsCl_3$，$POCl_3$。

c. 固态源扩散：杂质源为固态，通入保护性气体，在扩散系统中完成杂质由源到硅片表面的气相输运。常用的杂质源：BN，As_2O_3。

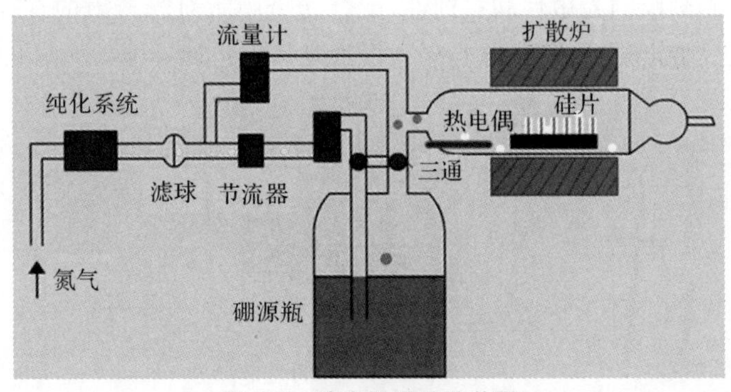

图 2.8　液态源硼扩散装置

2)固-固扩散：在硅片表面制备一层固态杂质源，通过加热处理使杂质由固态杂质源直接向固体硅中扩散掺杂的过程。

(2)离子注入掺杂(间隙式扩散)。离子注入掺杂将具有很高能量的杂质离子射入半导体衬底中活化形成杂质分布的过程。离子注入掺杂又称间隙式扩散，即杂质离子位于晶格间隙。离子注入技术是 20 世纪 80 年代年代开始发展起来的一种在很多方面都优于扩散的掺杂工艺。它的优点是加工温度低，易做浅结，大面积注入杂质仍能保证均匀，掺杂种类广泛，并且易于自动化。采用了离子注入技术，大大地推动了半导体器件和集成电路工业的发展，从而使集成电路的生产进入大规模及超大规模时代。杂质离子为 Na、K、Fe、Cu、Au 等元素，扩散系数要比替位式扩散大 6～7 个数量级。

离子注入机如图 2.9 所示，它是一个体积庞大而且构造极其复杂的半导体设备。根据注入机所提供的杂质离子的浓度来区分，离子注入机分为高电流和中电流两种，分别代表电流约为 10 mA 和 1 mA。

图 2.9　离子注入机

2.2.3　光刻

光刻技术是集成电路芯片制造工艺中的关键性技术之一，其构想源于印刷技术中的照相制版过程和相关技术，光刻成本占据了整个制造成本的 35%。光刻也是决定了集成电路按照摩尔定律发展的一个重要原因，如果没有光刻技术的进步，集成电路就不可能从微米进入深亚微米再进入纳米时代。光刻采用的光波波长也从近紫外（Near Ultva Violet，NUV）区间的436 nm、365 nm波长进入到深紫外(Deep Ultra Violet,DUV)区间的 248 nm、193 nm 波长。

光刻技术利用光刻胶的光敏性和抗蚀性，配合光掩膜版对光透射的选择性，使用光学、物理和化学的方法完成特定区域的刻蚀（光刻＝图形复印＋定域刻蚀），如图 2.10 所示。

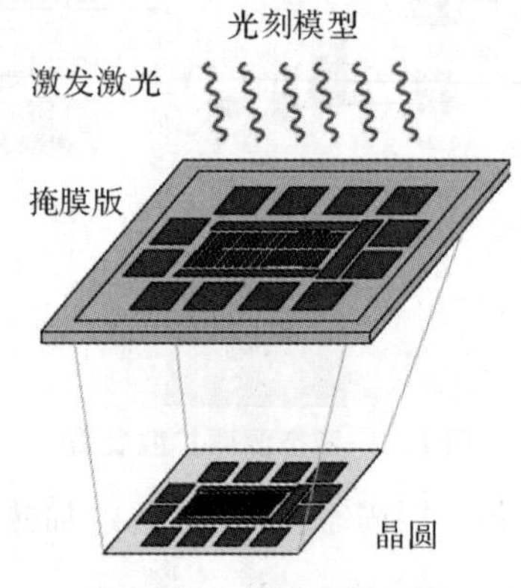

图 2.10　光刻的原理图

具体地说，光刻是一种复印图像与化学腐蚀相结合的综合性技术。它的原理：采用照相复印的方法，将光刻掩膜板上的图形精确地复制在涂有光致抗蚀剂的 SiO_2 层或金属蒸发层（Al、多晶硅、Si_3N_4 等介质薄层）上。在适当波长光的照射下，光致抗蚀剂（光刻胶）发生变化。对于正性光刻胶而言，在光照条件下提高强度，不溶于某些有机溶剂中，而未受光照射的部分的光致抗蚀剂不发生变化，很容易被某些有机溶剂溶解，而负性光刻胶性质则恰恰相反。正负胶的光刻工艺对比如图 2.11 所示。然后利用光致抗蚀剂的保护作用，对 SiO_2 层或金属蒸发层进行选择性化学腐蚀，从而在 SiO_2 层或金属层上得到与光刻掩膜版相对应的图形。

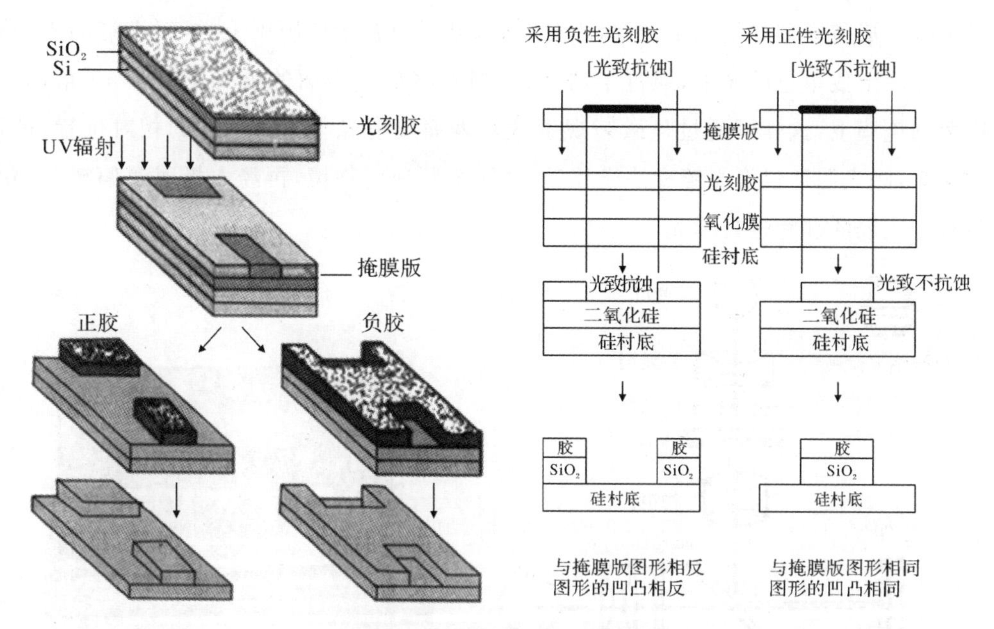

图 2.11　正负胶光刻工艺对比

在集成电路制造过程中需要经过许多次光刻(若是大规模集成电路,如 CPU 一类的电路需要进行 20 余次的光刻),所以,光刻工艺环节的质量是影响集成电路性能、成品率以及可靠性的关键因素之一。光刻工艺分为涂胶、前烘、曝光、显影、刻蚀、坚膜(后烘)和溶剂去胶等 7 个步骤,如图 2.12 所示。

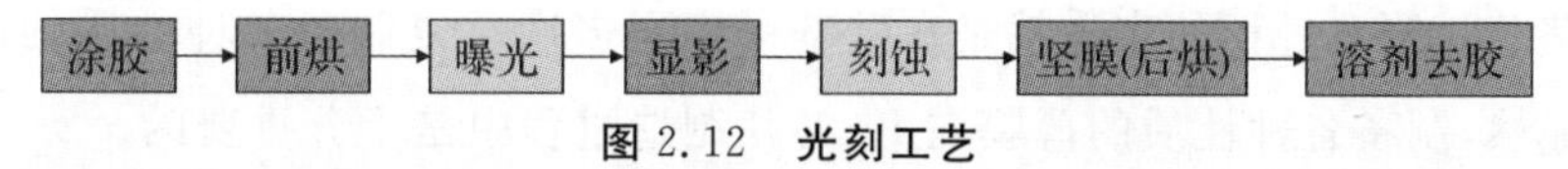

图 2.12　光刻工艺

采用不同的光刻设备(光刻机),有 3 种曝光方法,分别为接触式曝光、接近式曝光、投影式曝光。具体如图 2.13 所示。接触式曝光的掩膜版与芯片的尺寸相当,掩膜版做好图形的一面与芯片表面的光刻胶直接接触,分辨率较高,但是容易造成掩膜版和光刻胶膜的损伤。接近式曝光在硅片和掩膜版之间有一个很小的间隙(10～25 μm),可以大大减少掩膜版的损伤,分辨率较低。投影式曝光是利用透镜或反射镜将掩膜版上的图形投影到衬底上的曝光方法,使用的掩膜版图形是芯片图形的 1～100 倍,可以提高分辨率并减少缺陷,是目前用得最多的曝光方式。

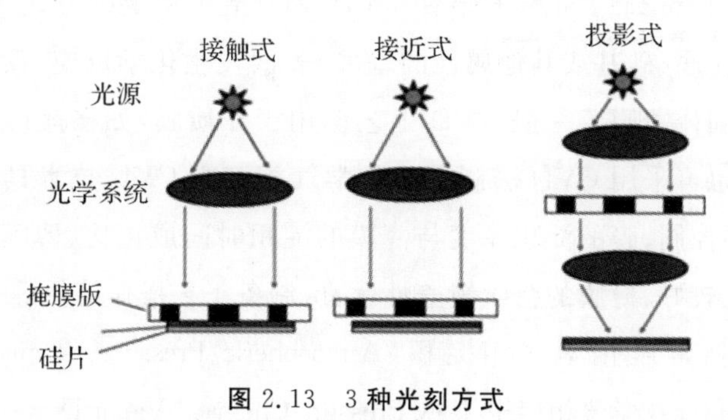

图 2.13　3 种光刻方式

投影曝光成像原理如图 2.14 所示。对准时，显微镜置于掩膜版上方，对准灯的光经聚光镜和滤光片后形成单色的光束，通过半透明折射镜，将硅片表面的反射光偏转 90°角，并通过物镜照射到掩膜上，这样可通过显微镜观察硅片表面反射光与掩膜图形的相对位置，进行对准。曝光时，曝光源通过聚光镜和滤光片后，经掩膜版通过物镜，再经内折射镜偏转 90°角，照射到涂有光刻胶的硅片进行曝光。

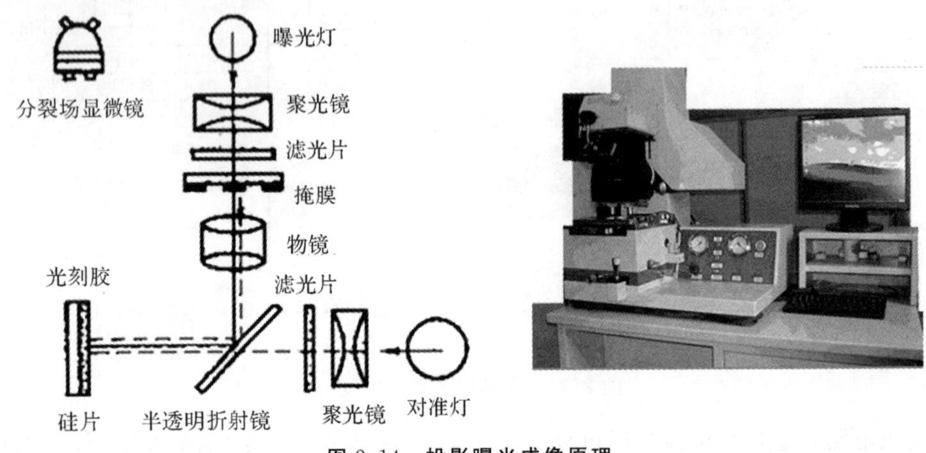

图 2.14 投影曝光成像原理

2.2.4 薄膜气相淀积工艺

集成电路芯片制造过程的实质就是在硅基衬底上多次反复制备各种性质的薄膜、光刻蚀与掺杂等。显然，制备各种性质的薄膜在 IC 芯片制造过程中是十分重要的。2.2.1 节所讲述的氧化技术可以看做诸多薄膜制备技术手段中一个具体的例子。除此之外还有多种薄膜及薄膜制备技术。

薄膜气相淀积工艺可分为两类基本方式，即物理淀积方式和化学淀积方式。物理淀积技术包括真空蒸发、阴极溅射、分子束外延等。化学淀积方式分为气相化学淀积(或称化学气相淀积)和液相化学淀积(电镀)两类。

1. 化学气相淀积

化学气相淀积(Chemical Vapor Deposition，CVD)指用特定的方式激活包含一种或数种物质成分的气体，在衬底(硅基或其他属性的基底)表面发生化学反应，反应生成物质析出、沉淀、淀积成为所要的固体薄膜。一般 CVD 工艺多用于介质膜，如多晶硅、氧化硅膜或氮化硅膜等的制备，金属膜也可采用 CVD 法制备。化学气相淀积 CVD 技术具有淀积温度低、薄膜成分和薄膜厚度容易控制、膜的淀积厚度与薄膜的淀积时间成正比、薄膜厚度的均匀性好、薄膜的制备工艺重复性较好、薄膜的台阶覆盖性优良、制备工艺操作简便等一系列特点。

CVD 法主要包括常压化学气相淀积(Atmoepheric Pressure Chemical Vapor Deposition，APCVD，见图 2.15)、低压化学气相淀积(Low Pressure Chemical Vapor Depositien，LPCVD)、等离子

体增强化学气相淀积(Plasma Enhanceel Chemicol Vapon Deposition,PECVD)等。

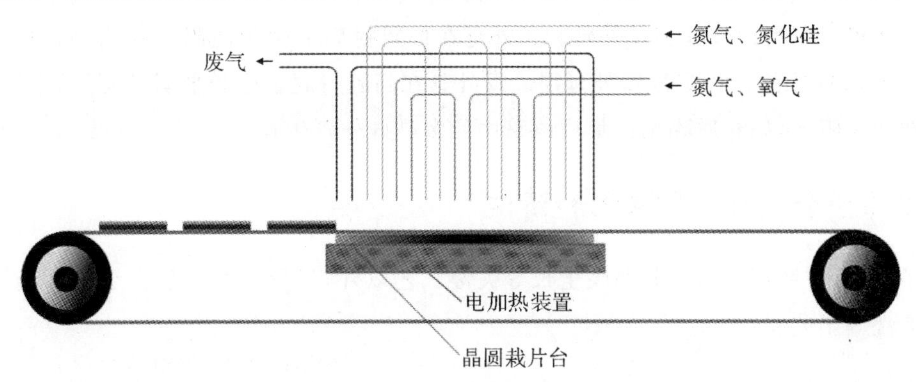

图 2.15　常压化学气相淀积(APCVD)

2. 物理气相淀积

物理气相淀积(Physical Vapor Deposition,PVD)。它是以物理方式进行薄膜淀积的一种技术,一般是以单质的固体材料为源(如铝、金、铬等),然后设法将它变为气态,在低气压下,在衬底(硅晶片)表面淀积而成薄膜。在集成电路生产中,金属薄膜在欧姆接触、互连、栅电极和肖特基二极管等方面都有很广泛的应用。金属薄膜一般都采用物理气相淀积方法制备。

PVD 法主要分成蒸镀法和溅镀法两种。蒸镀法(Evaporation Deposition)是通过加热被蒸镀物体,利用被蒸镀物体在高温(接近其熔点)时的饱和蒸气压,进行薄膜淀积,又称热丝蒸发。根据能量来源的不同,有灯丝加热蒸发和电子束蒸发两种。溅镀法(Sputtering Deposition)是利用等离子体中的离子,对被溅镀物体(又称离子靶)进行轰击,使气相等离子体内具有被溅镀物体的粒子(原子),淀积到硅晶片上形成溅薄膜,又称溅射。

3. 外延

外延是一种制备单晶薄膜的技术,其生长设备如图 2.16 所示。它是在低于晶体熔点的温度下,在表面经过细致加工的硅单晶衬底上,沿着原来的结晶轴方向,生长一层导电类型、电阻率、厚度和晶格结构完整性都符合要求的新单晶层(称为外延层)的过程。

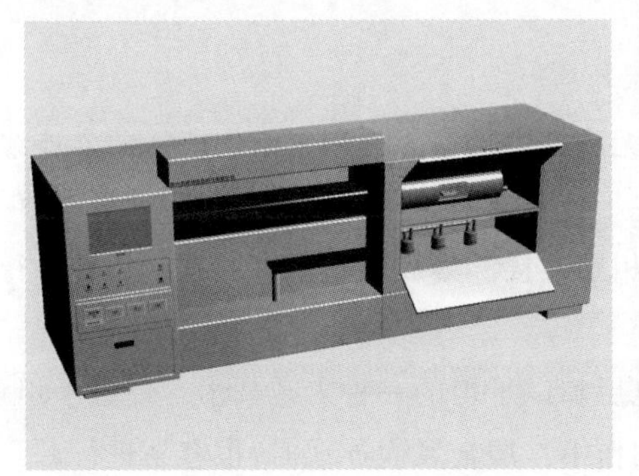

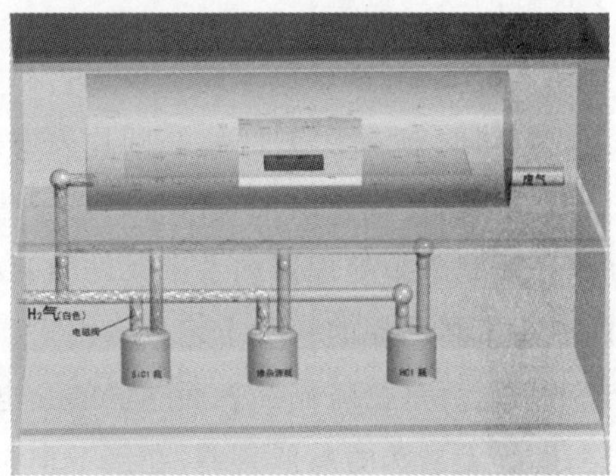

图 2.16　外延生长系统

外延可以分为同质外延和异质外延。同质外延的生长的外延层与衬底材料相同,如在硅片衬底上外延硅,在砷化镓材料上外延砷化镓。异质外延的外延层在结构、性质与衬底材料方面不同，如在蓝宝石上外延硅，在硅上外延砷化镓。

外延还可以分为正外延和反外延。正外延在低阻衬底上生长高阻外延层，如高频大功率管是在N+单晶衬底上生长N型外延层。反外延在高阻衬底上生长低阻外延层，半导体器件直接制造在高阻上，如介质隔离的集成电路中的多晶硅外延生长。

2.2.5 金属化、平坦化和清洗

除了氧化、扩散掺杂、光刻、薄膜生长等关键工艺以外，半导体制造技术还包括金属化、平坦化和清洗等工艺。

1. 金属化

所谓金属化，就是形成一层金属膜线。金属膜可以通过真空蒸发或溅射等方法形成，然后通过光刻、刻蚀，把金属膜的连接线刻画出来，这是构成器件功能的关键。对这一层金属线有个要求，就是金属与半导体之间的接触必须是在电学特性上可形成整流特性，因此需要形成良好的欧姆接触。

欧姆接触是指金属与半导体间的电压与电流具有对称和线性关系，而且接触电阻也很小，不产生明显的附加阻抗。形成欧姆接触有三种方法，分别是半导体高掺杂接触、低势垒高度的欧姆接触和高复合中心欧姆接触。

2. 合金工艺

金属膜经过图形加工以后，形成了互连线。之后还需要对金属互连线进行热处理，使金属牢固地附着于晶片表面，并与半导体形成良好的欧姆接触。这一热处理称为合金工艺。

合金有两个基本原理，一是增强金属对氧化层的还原作用，提高黏附能力；二是利用半导体元素在金属中存在一定的固溶度，热处理使金属与半导体界面形成一层合金层或化合物层，并通过这一层与表面重掺杂的半导体形成良好的欧姆接触。例如在硅-铝合金中，当合金温度大于577℃时，一部分铝熔化到硅中，形成铝硅合金，当冷凝以后就形成了一层再结晶层，这样就得到了良好的欧姆接触。

3. 平坦化

当集成电路的集成度增加后，晶圆片表面无法提供足够的面积来制作所需的内连线，这样两层以至于多层内连线就出现了。特别是一些十分复杂的产品，如微处理器，就需要更多层的金属连线，才能完成微处理器内各个元件间的相互连接。集成电路的多层布线势在必行，于是平坦化就成为了新出现的一种工艺技术。

所谓平坦化就是把随晶片表面起伏的介电层加以平坦的一种工艺技术。经过平坦化处理的介电层，因为无悬殊的高低落差，在接下来制作第二层金属内连线时，很容易进行。

旋涂玻璃法(Spin On Glass，SOG)，是目前普遍采用的一种局部平坦化技术。化学机械抛光法又称CMP(Chemical Mechanical Polishing)，其设备示意图如图2.17所示。抛光介电层和抛光硅片是不同的。对介电层的抛光的目的是去除光刻胶，并使整个晶片表面均匀、平

坦，被去除的厚度约 0.5～1 μm。而抛光硅片去除约几十微米，要大得多。

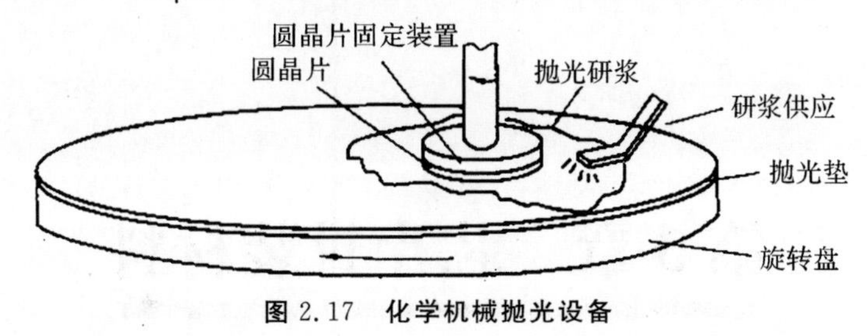

图 2.17　化学机械抛光设备

4. 化学湿法清洗

化学湿法清洗是清除附着在半导体和各种生产用具表面上的杂质的一种方法。它是利用不同的化学试剂对不同杂质的化学反应和溶解作用，配合超声、升温、抽真空等物理方法，使杂质与半导体和各种生产用具表面脱附（或解吸），并用大量高纯水（电阻率大于 5 MΩ・cm）冲刷，以达到去除杂质、清洗表面的目的。清洗工艺作为一种典型的半导体制备的准备工艺，几乎存在于每一步的光刻、刻蚀工艺中。

第3章 芯片封装材料

封装对芯片具有机械支撑和环境保护作用，对器件和电路的热性能和可靠性起着重要作用。封装离不开各种各样的材料，封装材料用于承载电子元器件及其连接线路，在封装领域具有极其重要的作用。

电子封装材料分类有多种，一般可以按照封装结构、形式、材料组成来进行分类。从封装结构分，电子封装材料主要包括基板、布线、层间介质和密封材料。从封装形式分，可分为气密封装和实体封装。其中，气密封装是指封装腔体内在管芯周围有一定气氛的空间并与外界相隔离，实体封装则指管芯周围与封装腔体形成整个实体。从材料组成分，电子封装材料可分为金属基、塑料基和陶瓷基封装材料。同时在封装过程中还有很多重要的焊接材料，比如焊膏、焊料等。在本章中，将对封装中涉及的几种典型材料进行简单介绍。

3.1 基板材料

集成电路封装基板是随着半导体芯片的出现而从印制电路板家族中分离出来的一种特种印制电路板。微电子封装所涉及的各方面几乎都是在基板上进行或与基板相关。在电子封装工程所涉及的四大基础技术，即薄厚膜技术、微互连技术、基板技术、封接与封装技术中，基板技术处于关键与核心地位。随着新型高密度封装形式的出现，电子封装的许多功能，如电气连接、物理保护、应力缓和、散热防潮、尺寸过渡、规格化、标准化等，正逐渐部分或全部地由封装基板来承担。

电子封装基板材料是一种底座电子元件，用于承载电子元器件及其互连线，并具有良好的电绝缘性。因此封装基板必须和置于其上的元器件在电学性质、物理性质、化学性质方面保持良好的匹配。通常，封装基板应具备以下性质：①导热性能良好。导热性是电子封装基板材料的主要性能指标之一，如果封装基片不能及时散热将影响电子设备的寿命和运行状况。②热膨胀系数匹配（主要与 Si 和 GaAs 相比）。若二者热膨胀系数相差较大，电子器件工作时的快速热循环易引入热应力而导致失效。③高频特性良好，即低的介电常数和低的介质损耗。因为在高速传输信号的布线电路上，信号延迟时间与基板材料介电常数二次方根成正比，为满足用作高速传输速度器件的要求，要求封装基板材料拥有低的介电常数。另外，电子封装基板还应具有机械性能高、电绝缘性能好、化学性质稳定（对电镀处理液、布线用金属材料的腐蚀而言）、易于加工等特点。当然，在实际应用和大规模工业生产中，成本因素也是不可忽视的一个方面。对于一些特殊的领域的芯片而言，如航空航天和移动通信设备中使用的芯片，还要求其封装基板材料密度尽可能小，并具有电磁屏蔽和射频屏蔽的特性。

到目前为止，世界半导体封装基板业可划分为三个发展阶段：1989—1999 年的第一发展阶段是有机树脂封装基板初期发展的阶段，此阶段以日本抢先占领了世界半导体封装基板绝大多数市场为特点；2000—2003 年的第二发展阶段是封装基板快速发展的阶段，此阶段中，我国台湾地区、韩国封装基板业开始兴起，与日本逐渐形成“三足鼎立”瓜分世界封装基板绝大多数市场的局面。同时有机封装基板获得更大的普及应用，它的生产成本有相当大的下降。2004 年以后进入第三发展阶段，此阶段以 FC 封装基板高速发展为鲜明特点，更高技术水平的多芯片封装（Sulti Chop Package，MCP）和系统封装（Systen in a Package，SiP）用 CSP 封装基板得到较大发展。世界整个半导体封装基板市场格局有较大的转变，我国台湾地区、韩国占居了 PBGA 封装基板的大部分市场。而倒装芯片安装的 BGA、PGA 型封装基板的一半多市场，仍是日本企业的天下。

电子基板是半导体芯片封装的载体，搭载电子元器件的支撑，构成电子电路的基盘，按其结构可分为普通基板、印制电路板（PCB）、模块基板等几大类。其中 PCB 在原有双面板、多层板的基础上，近年来又出现积层（build-up）多层板。模块基板是指新兴发展起来的可以搭载在 PCB 之上，以 BGA、CSP、TAB、MCM 为代表的封装基板（Package Substrate，PKG 基板）。小到芯片、电子元器件，大到电路系统、电子设备整机，都离不开电子基板。近年来在电子基板中，高密度多层基板所占比例越来越大。

电子封装基板材料的种类很多，常用的包括陶瓷、环氧玻璃、金刚石、金属及金属基复合材料等。

3.1.1　陶瓷材料

陶瓷材料是电子封装中一种常用的基板材料，其主要优点在于高的绝缘性能和优异的高频特性，具有和元器件相近的热膨胀系数，很高的化学稳定性和较好的热导率。此外，陶瓷材料还具有良好的综合性能，广泛用于混合集成电路（Hybird Integrated Gircuit，HIC）和多芯片模件（MCM）。

目前已用于实际生产和开发应用的高导热陶瓷基板材料主要包括 Al_2O_3，AlN，SiC 和 BeO 等。

Al_2O_3 陶瓷是目前应用最成熟的陶瓷基片材料，它的价格低，耐热冲击性和电绝缘性较好，制作和加工技术成熟，因而使用最广泛，占整个陶瓷基片材料的 90%。目前 Al_2O_3 陶瓷基片大多采用多层基片，Al_2O_3 含量 90%～99.5%。Al_2O_3 陶瓷基片的 Al_2O_3 含量越高，上述特性越好，但所需的烧结温度就越高，制造成本也越高。近年来，为降低烧结温度，试图在 Al_2O_3 陶瓷中掺入低熔玻璃以降低烧结温度和减小介电常数。但是 Al_2O_3 陶瓷热导率相对较低，限制了它在大功率集成电路中的应用。

AlN 陶瓷基片是一种新型的基片材料，具有优异的电性能和热性能，被认为是最有发展前途的高导热陶瓷基片。与 Al_2O_3 相比，AlN 有较高的热导率（一般为 Al_2O_3 陶瓷的 5 倍以上），适用于高功率、高引线和大尺寸芯片。AlN 的热膨胀系数与 Si 材料匹配，它的介电常数低，1 MHz 下约为 8～10，而且 AlN 材质坚硬，在严酷环境条件下仍能照常工作，因此 AlN 可以制成很薄的衬底，以满足不同封装基片的应用。但是，AlN 陶瓷的制备工艺复杂、成本高，所以至今仍未能进行大规模的生产和应用。我国近几年在 AlN 陶瓷的粉末选择、基片制备、金属化基片制备、多层陶瓷共烧基片和封装技术等方面有较大发展，开发的技术已基本实用化，目前已开发出 FP16 和 LCC64 的多层陶瓷封装产品。

BN 具有较好的综合性能，但作为基板材料，它没有突出的优点，而且价格昂贵，目前正处于研究和推广中。

BeO 陶瓷具有较高的热导率，但是其毒性和高生产成本，限制了它的生产和应用推广。在航空电子设备和卫星通信中，为了追求高导热和理想高频特性，有时也采用 BeO 陶瓷基片。据报道，美国太平洋微电子公司选用低成本的粗颗粒 BeO 陶瓷，已成功制备出价格适中、性能良好的 BeO 陶瓷基片。

SiC 已经存在了许多年，因为其存在多晶体半传导相，以前一直由电子工业使用。在 20 世纪 80 年代开发出具有相对高的热传导性的一种电子绝缘相之后，碳化硅才成为一种绝缘基底材料。它不是非常良好的绝缘体，但结合 BeO 和 B_2O_3 等少量材料可用来增加它的电阻率，使它可被看作电气绝缘的。除了高的热导率外，SiC 具有与硅相当的等效介电常数。不幸的是，在 1 MHz 处它具有等于或大于 40 的介电常数，并具有高的电介质损失因数，这在高速电路中会存在问题，电气性能也较差。

3.1.2 环氧玻璃

环氧玻璃是进行引脚和塑料封装价格最便宜的一种。这种材料常用于单层、双层或多层印刷版，是一种由环氧树脂和玻璃纤维（基础材料）组成的复合材料。其基础材料提供结构上的稳定性，树脂则为基片提供可塑性。

环氧玻璃基片综合了其各个组成部分的可取特性。例如，玻璃纤维坚硬，但是在弯曲时易折断。然而，当脆的玻璃纤维与坚韧的树脂形成复合物时，就获得了较好的塑性，因为弯曲时玻璃纤维吸收了大部分的应力。

环氧玻璃的导热性较差，电性能和热膨胀系数匹配一般，但由于其价格低廉，因而在表面安装（SMT）中得到了广泛应用。最常用的环氧玻璃基片是 FR－X 系列层压板，这些层压板的特点是带有灭火剂。一旦着火，层压板可以自动灭火。

3.1.3 金刚石

天然金刚石具有作为半导体器件封装所必需的最优异的性质，如高的热导率[25 ℃下为 2 000 W/(m·K)，]、低介电常数（5.5）、高电阻率（1 016 Ω·cm）和击穿场强（1 000 kV/mm）。从 20 世纪 60 年代起，微电子界开始利用金刚石作为半导体器件封装基板，并将金刚石作为散热材料，用在微波雪崩二极管、Ge IMPATT 和激光器上，成功地改进了它们的输出功率。但是，天然金刚石或高温高压下合成金刚石高昂的价格和尺寸的限制，使这种技术无法大规模推广。

近年来，低温低压下化学气相淀积（Chemical Vapor Deposition，CVD）金刚石薄膜技术迅速发展，它不仅具有设备成本低和沉积面积大的优点，而且能直接沉积在高热导率的金属、复合材料或单晶硅衬底上，甚至可以制成无支承物的金刚石薄膜片，然后黏结到所需的基片上，这为金刚石作为封装材料展示了美好的应用前景。3 种金刚石薄膜 CVD 方法间的比较见表 3.1。但是，CVD 金刚石薄膜要实现商品化还必须克服一些困难，例如，解决 CVD 金刚石薄膜与各种衬底间的热膨胀系数失配的问题、建立一套完整的反应生长动力学理论以指导薄膜的生长、进一步降低薄膜中的结晶和结构缺陷等。随着这些问题的解决，微电子器件的封装将是 CVD 金刚石薄膜的最大应用领域。

表 3.1　金刚石薄膜 CVD 方法间的比较

沉积方法	热丝辅助 CVD	微波等离子体增强 CVD	直流等离子体喷射 CVD
原 理	将由电流加热到 2 200 ℃ 左右的热丝放置到非常靠近衬底的位置上，以分解碳氢化合物和激活分解 H_2 为原子 H	利用 2.45 GHz 的微波生成的等离子体激发或分解碳氢化合物而完成金刚石薄膜沉积	由直径为 2 mm 的阳极喷嘴直流放电产生等离子体，再高速喷射到冷却的基片上，使等离子体熄灭而导致金刚石薄膜生长
沉积速率	1～10 μm/h	5～10 μm/h	930 μm/h
优 点	薄膜沉积质量好、面积大，设备简单	沉积面积大，单独衬底加热，可独立调节沉积参数	沉积速率高
缺 点	热丝随时间增加而变形和变脆	沉积速率慢	薄膜的结晶质量和结构参数不如前两种好

3.1.4　金属

金属基板早已开发成功并用于电子封装中，因其热导率和机械强度高、加工性能好，至今仍是人们继续开发、提高和推广的主要材料之一。几种传统封装金属材料的一些基本特性见表 3.2。

表 3.2　几种传统封装金属材料基本特征

材 料	热膨胀系数 /$10^{-6}K^{-1}$	热导率 /$W \cdot m^{-1} \cdot K^{-1}$	密度 /$g \cdot cm^{-3}$	比热导率 /$10^{-2}W \cdot cm^{-1} \cdot K^{-1} \cdot g^{-1}$
Al (1100)	23	221	2.7	82
Cu	17	400	8.9	45
Mo	5.0	140	10.2	13.5
W	4.5	174	19.3	8.0
Invar	0.4	11	8.04	2.0
Kovar	5.9	17	8.3	2.0

Al 的热导率很高、重量轻、价格低、易加工，是最常用的封装材料。但 Al 的热膨胀系数与 Si ($4.1\times10^{-6}/K^{-1}$) 和 GaAs ($5.8\times10^{-6}/K^{-1}$) 相差较大，器件工作时的热循环常会产生较大的应力，导致失效。Cu 材料也存在类似的问题。Invar（镍铁合金）和 Kovar（铁镍钴合金）系列合金具有非常低的热膨胀系数和良好的焊接性，但电阻很大，导热能力较差，只能作为小功率整流器的散热和连接材料。W 和 Mo 具有与 Si 相近的热膨胀系数，且导热性比 Kovar 合金好得多，故常用于半导体 Si 片的支撑材料。但由于 W、Mo 与 Si 的浸润性不好、可焊性差，常需要在表面镀或涂覆特殊的 Ag 基合金或 Ni，使工艺变得复杂且可靠性差，提高了成本，还增加了污染。另外，W，Mo，Cu 密度较大，不适合作航空、航天材料，而且 W，Mo 价格昂贵，生产成本高，不适合大量使用。

3.1.5 金属基复合材料

为了克服单一金属作为电子封装基片材料的缺点，人们研究和开发了低膨胀、高导热金属基复合材料。与其他电子封装材料相比，金属基复合材料主要有以下优点：

(1)通过改变增强体的种类、体积分数、排列方式，或改变基体的合金成分、改变热处理工艺等可以实现材料的热物理性能设计；

(2)可直接成形，避免了昂贵的加工费用和随之带来的材料损耗；

(3)材料制造灵活，生产费用不高，价格正在不断降低。

用于封装基片的金属基复合材料主要为 Cu 基和 Al 基复合材料。

Cu 基复合材料采用 C 纤维、B 纤维、SiC 颗粒、AlN 颗粒等材料作增强体，得到的纤维增强的低膨胀、高导热 Cu 基复合材料具有较好的综合性能。例如 P-130 石墨纤维增强 Cu 基复合材料的热膨胀系数为 $6.5\times10^{-6}/K^{-1}$，并保持着较高的热导率[220 W/(m·K)]。但是纤维具有极大的各向异性，如不采取特别的措施，复合材料各向异性就很突出。因此，人们采用纤维网状排列、螺旋排列、倾斜网状排列等方法解决这一问题。

此外 Cu 中还可以加入 W、Mo 和低膨胀合金（如 FeNi 合金）等粉末。制作 W/Cu 或 Mo/Cu复合材料时，将 Cu 渗入多孔的 W、Mo 烧结块中，以保持各相的连续性。这种材料的热胀系数可以根据组元相对含量的变化进行调整。不同组分的 W/Cu 复合材料的性能见表 3.3。

表 3.3 不同组分 W/ Cu 复合材料的性能

W/Cu	$\alpha_l/10^{-6}K$	$\lambda/(W\cdot m^{-1}\cdot K^{-1})$	$\rho/(g\cdot cm^{-3})$
100/0	4.4	166	19.3
90/10	5.7	157	17.2
85/15	6.5	167	16.6
80/20	7.6	180	15.6
75/25	8.3	190	14.8
0/100	17.7	391	8.91

Al 基复合材料不仅具有比强度、比刚度高等特点，而且导热性能好、热膨胀系数可调、密度较低，作为电子封装元器件的选材，具有很大的开发应用潜力。常用的增强体包括 C，B，碳化物（如 SiC、TiC）、氮化物（如 AlN、Si_3N_4）和氧化物（如 Al_2O_3，SiO_2），基体合金则可为纯 Al，或 6061，6063，2024 合金等。

由于铝合金本身的热膨胀系数较大，为使其热膨胀系数与 Si，Ge，GaAs 等半导体材料相近，常常不得不采用高体积分数的增强体与其复合，添加量甚至高达 70%，但如果用作与玻璃相匹合的封装材料，添加量则可以少一些。物理性能的可控性，使得铝基复合材料不仅能在结构上支持电子元件，而且能保护其免于恶劣环境影响并散热，显示出明显的优势。但是，由于电子封装用金属基复合材料的开发时间较短，还有许多问题需进一步深入研究。例如：如何进行基体合金设计及增强体的选择，以达到进一步提高复合材料的热物理性能；进一步研究显微结构是如何控制热导率等物理参数的；如何不断扩大使用领域，实现规模性生产，降低生产成本。总的来说，金属基复合材料作为新型电子封装基片材料，由于其优异的性能、逐渐降低的价格，在众多电子封装材料中显示出很强的竞争力，其应用前景十分广阔。

3.2 封装机体材料

最早用于封装的材料是陶瓷和金属，随着电路密度和功能的不断提高，对封装技术提出了更高的要求，也促进了封装材料的发展——从过去的金属和陶瓷封装为主转向塑料封装。

塑料基封装材料成本低、工艺简单，在电子封装材料中用量最大、发展最快。它是实现电子产品小型化、轻量化和低成本的一类重要封装材料。塑料基封装材料曾经存在致密性不够、离子含量高、耐温性不够等可靠性问题，随原料性能的提高和配方的完善，这些问题被逐渐解决。目前，塑料基封装材料需要解决的问题是热膨胀系数与硅晶片不匹配。

理想的塑料基封装材料应具有以下性能：①材料纯度高，离子型杂质极少；②与器件及引线框架的黏附性好；③吸水性、透湿率低；④内部应力和成形收缩率小；⑤热膨胀系数小，热导率高；⑥成型、硬化快，脱模性好；⑦流动性、充填性好，飞边少；⑧阻燃性好。

塑料基封装材料常见的有环氧模塑料、硅橡胶和聚酰亚胺等。

环氧模塑料（EMC)是由酚醛环氧树脂、苯酚树脂和填充剂（SiO_2)、脱模剂、固化剂、染料等组成，具有优良的黏结性、优异的电绝缘性，强度高，耐热性和耐化学腐蚀性好，吸水率低，成型工艺性好等，以EMC为主的塑料封装占到封装行业的90%以上。

硅橡胶具有较好的耐热老化、耐紫外线老化、绝缘性能，主要应用在半导体芯片涂层和LED封装胶上。据报道，将复合硅树脂和有机硅油混合，在催化剂条件下发生加成反应，得到无色透明的有机硅封装材料，可用于大功率白光LED上，透光率达到98%，取得了较好的应用效果。环氧树脂作为透镜材料时，耐老化性能明显不足，与内封装材料界面不相容，使LED的寿命急剧降低。硅橡胶则表现出与内封装材料良好的界面相容性和耐老化性能。目前，高折光指数的硅橡胶材料已成为国外生产有机硅产品的大公司的研发和销售热点。

聚酰亚胺可耐350～450 ℃的高温、绝缘性好、介电性能优良、抗有机溶剂和潮气的浸蚀，在半导体及微电子工业上得到了广泛的应用。聚酰亚胺主要用于芯片的钝化层、应力缓冲和保护涂层、层间介电材料、液晶取向膜等，特别用于柔性线路板的基材。

3.3 焊接材料

在微电子器件装配中，几乎离不开焊接技术。器件和电路板之间的焊接既固定了器件，又达到电的和热的连接，而器件的密封更是离不开焊接技术。在PCB成为元件组装的主要的基板材料后，铅-锡合金成为了引脚插入式(PTH)元件引脚焊接的标准材料，直到近年来表面贴装技术(SMT)发展成为重要封装方法后，焊接方法与焊锡的选择也成为封装工艺的重点技术之一。

可焊接性可以用来评价元件与基板的焊接能力，它是指加热过程中，在基体表面得到清洁金属表面，从而使熔融焊料在基体表面良好润湿的能力。可焊接性取决于焊料或焊膏提供的助焊接效率以及基板表面的质量。

可润湿性是指在焊盘的表面形成平坦、均匀和连续的焊料涂覆层的能力。这是焊料在焊盘表面形成良好焊接能力的基本要求，润湿性差的焊料在焊盘表面会出现反润湿、不润湿或针孔现象。

3.3.1 焊 料

焊料可以连接两种或多种金属表面，在这些金属表面之间起到冶金学桥梁的作用，它通常是由两种或三种基本金属和几种掺杂金属组成的低熔点合金。按照焊料形式的不同，可以分为棒状焊料、丝状焊料和预成型焊料。棒状焊料主要用于浸渍焊接和波峰焊，丝状焊料用于烙铁焊接，预成型焊料主要用于激光再流焊。

通常焊料根据其组成金属的不同，可以分为铅锡合金焊料、铅锡银合金焊料、铅锡锑合金焊料和其他合金焊料。

(1)铅锡合金焊料。铅锡合金焊料根据铅和锡的含量，可以分为高铅焊料和高锡焊料。需要高温焊料的时候，一般为高铅焊料，其中锡的含量可以少到 10%。这种焊料在 180～300℃的温度还是固态，在多步焊时很有用。在用低温焊料做第二步焊接时，先用的高温焊料就能保持焊接点固定。在需要防腐蚀的情况下时，就要用到高锡焊料，合金中锡的含量越高，焊料的机械强度就越大，但价格也会越高。

(2)铅锡银合金焊料。人们会往铅锡合金中加入其他金属来改善焊接性能，可是只有少数金属可以加入铅锡合金中来提高焊接强度。例如铅锡合金加入金，很容易形成颗粒状的中间化合物，造成焊料结构产生应力，导致焊料脆化。而铅锡合金中加入铜时，就会明显地提高熔化温度。当加入适量的银时，铅锡合金不但提高了强度，又不失掉其延展性。

(3)铅锡锑合金焊料。在铅锡合金中加入锑也能提高焊料的强度性能，但是焊料的浸润能力可能会降低。锑的加入量一般小于 3.5%，因为锑的含量超过 6%时焊料会产生中间化合物 SbSn，使焊料变脆。此外，由于锑比锡便宜，因而加入锑减少锡的用量，能降低焊料成本。

(4)其他合金焊料。在铅锡合金中添加铜，可以减小铜的溶解速率，延长铜焊接工具的使用寿命。在铅锡合金中添加铟，可以增加焊料在陶瓷表面的润湿性，还能抑制金在焊锡中的溶解。在铅锡合金中添加铋或镉，可以用于低熔点的焊接工艺或高热敏性元件的焊接。

3.3.2 焊 膏

焊膏，也叫作焊糊或焊锡膏。最早的焊锡膏是将铅锡合金粉与氯化锌石油蜡膏载体混合在一起，形成黏稠的膏状焊锡料。这种焊锡膏能很有效地浸润和焊接铜表面。自从焊膏被用在表面封装的焊接上，微电子器件的生产工艺就得到了飞快的发展。焊膏的使用使焊接封装实现了自动化，并加快了生产速度，先是将适当的焊膏准确地加到焊接位上，同时焊膏又将元件粘住，经过软熔焊过程，焊锡熔化并浸润元件，将元件焊牢。工艺简单的优点使得焊膏成为元件和 PCB 键合常见的焊接材料。

焊锡膏含有 5 种以上的原料，最重要的是焊锡粉料，粉粒为粒径为 5～ 150 μm 的球状焊锡粒。焊锡粉的制造方法有气体喷雾法、旋转盘雾化法、旋转多孔罐法和喷射塔法。

3.3.3 助焊剂

助焊剂也称焊药。焊接工艺中非常重要的一环就是助焊剂的使用，只有正确地选择助焊剂，才能保证焊接质量及长期电连接的可靠性。

助焊剂的化学功能是与元件表面上的锈膜反应，然后反应产物被熔融的焊锡合金取代，使焊锡得以浸润清洁的金属元件表面。助焊剂的热功能是帮助熔融的焊锡将热量传递给元件，使其达到足够的温度而被浸润。助焊剂的物理功能是降低焊锡与元件表面的界面张力，使焊锡能够流动并且金属性地浸润焊接部位表面。

助焊剂的活性是指其协助熔融焊锡浸润焊件表面的能力。腐蚀性是指助焊剂及其残留物对焊接件的化学侵蚀。一般来说，助焊剂的活性越强，其腐蚀性就越大。可清洗性是指助焊剂的残留物能够被清除的程度。

松脂焊剂、树脂焊剂、水溶性有机焊剂、不清洗焊剂等是目前常用的几种助焊剂。松脂焊剂，也叫松香焊剂，它是活性和腐蚀性最小的助焊剂，可以用皂化剂水洗将其除去；树脂焊剂的热稳定高，残留物比较容易溶解于有机溶剂，方便清洁；水溶性有机焊剂往往含有较高的离子化有机卤化物或有机酸，残留物是有害的，焊接后用水清洗非常重要；不清洗焊剂是指焊接后不必清洗的焊剂，使得焊接工艺简单了许多。

第4章　芯片封装工艺

传统意义的芯片封装一般指安放集成电路芯片所用的封装壳体，它同时可包含将晶圆切片与不同类型的芯片管脚架及封装材料形成不同外形的封装体的过程。从物理层面看，它的基本作用是为集成电路芯片提供稳定的安放环境，保护芯片不受外部恶劣条件（例如灰尘，水汽）的影响。从电性层面看，芯片封装同时也是芯片与外界电路进行信息交互的链路，它需要在芯片与外界电路间建立低噪声、低延迟的信号回路。

然而不论封装技术如何发展，归根到底，芯片封装技术都是采用某种连接方式把晶圆切片上的管脚与引线框架以及封装壳或者封装基板上的管脚相连构成芯片。而封装的本质就是规避外界负面因素对芯片内部电路的影响，同时将芯片与外部电路连接，当然也使芯片易于使用和运输。

芯片封装主要包括晶圆切割、芯片贴装、引线键合、封胶注塑、引线框架电镀、切筋成型、打码印字等工序。晶圆切割是将硅片切成单个的芯片，同时洗去硅片上的硅屑。芯片粘贴是指将芯片用黏合剂粘贴到框架衬垫（Substrate）上。引线键合是用金线将芯片上的引线孔和框架衬垫上的引脚连接，使芯片能与外部电路相连。封胶注塑是塑封元件的线路，以保护元件免受外力损坏，同时加强元件的物理特性，便于使用。其中每一道工艺都涉及精密的设备。图4.1所示是芯片封装的主要加工过程。本章将对芯片级封装的各个关键工艺进行详细介绍。

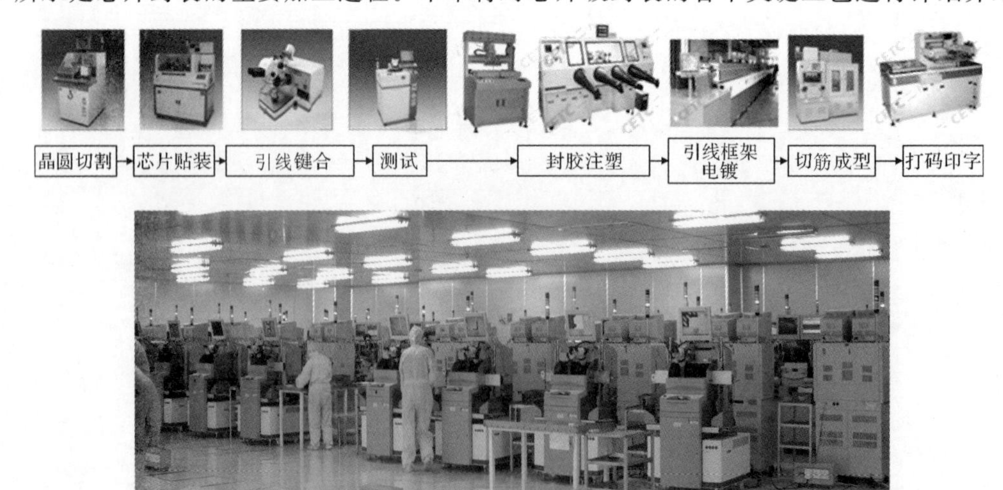

图4.1　芯片封装和测试加工流程

4.1　晶圆减薄和划片(切割)技术

为了进一步降低生产成本,目前大批生产所用到的硅片大多在 6 寸(in=2.54cm)以上(如 8 寸、12 寸)。由于硅片尺寸较大,为了其不受到损害,厚度也相应增加,这样就给切割以及划片带来了困难。所以,在封装之前,一定要对硅片进行减薄处理。

为了避免晶圆减薄对硅片的损伤,首先要对晶圆进行贴膜。随着 SiP 的日益普及,实施叠层上片必不可少的是芯片框架粘贴机 DAF(Die Attach Film)装置。先对 DAF 实施预切割加工,再粘贴到晶圆上,并剥离保护胶膜。通过采用这种方式可粘贴 25 μm 以下的超薄 DAF。设备系统包括预切割装置、贴膜台加热装置、黏着胶膜剥离装置、辨识系统、晶圆储存盒。通过一体化的联机系统,实现了更加安全的晶圆薄型化技术,实现了连续自动化生产,并适用于多种 DAF 贴膜技术。

多功能芯片框架粘贴机的工作流程系统如图 4.2 所示。

①接受从背面研削机传送过来的工作物,或者从晶圆盒中取出工作物;
②将工作物搬运到检测台上(图中 3 个检测台中任意一个均可);
③对表面保护胶膜进行 UV(紫外线)照射(在使用 UV 胶膜时);
④通过图像处理实施定位校准作业;
⑤将 DAF 粘贴到晶圆上;
⑥对完成 DAF 粘贴的工作物实施二次硬化;
⑦使用切割胶膜,将工作物安装到胶膜框架上;
⑧剥离表面保护胶膜;
⑨放入胶膜框架储存盒。

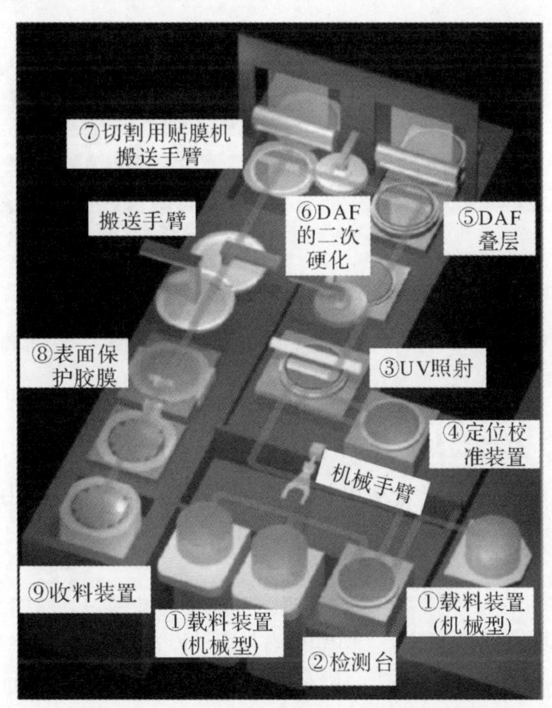

图 4.2　多功能芯片框架粘贴机工作流程

目前,硅片的减薄技术主要有磨削、研磨、化学机械抛光(Chemical-Mechanical Polishing, CMP)、干式抛光(Dry Polishing)、电化学腐蚀(Electrochemical Etching)、湿法腐蚀(Wet Etching)、等离子增强化学腐蚀(Plasma-Enhanced Chemical Etching,PECE)、常压等离子腐蚀(Atmosphere Downstream)等。常见的 DISCO 晶圆研磨设备如图 4.3 所示。

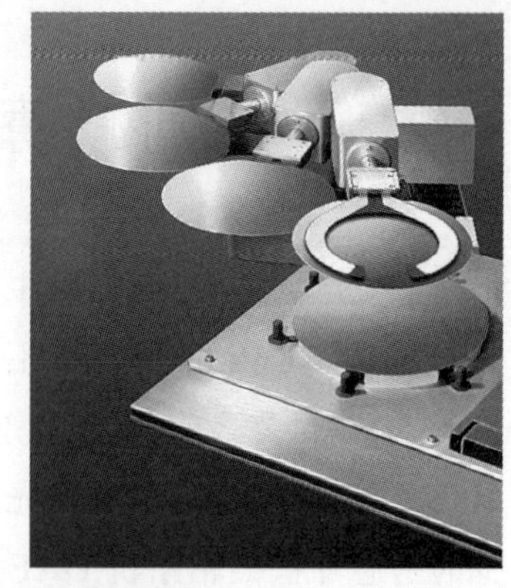

图 4.3　DISCO 晶圆研磨机设备

芯片切割目的是要将前制程加工完成的晶圆上一颗颗晶粒(Die)切割分离。首先要在晶圆背面贴上胶带(Blue Tape)并置于钢制之框架上,此一动作叫晶圆黏片(Wafer Mount),如图 4.4 所示,而后再送至芯片切割机上进行切割。切割完后,一颗颗之晶粒井然有序地排列在胶带上,同时由于框架之支撑可避免胶带皱折而使晶粒互相碰撞,而框架撑住胶带以便于搬运。

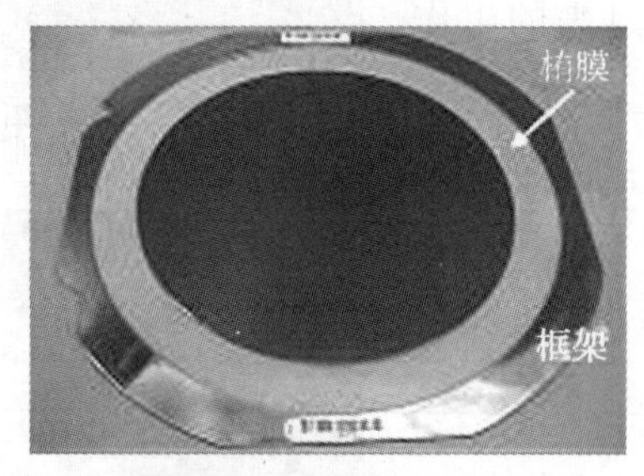

图 4.4　晶圆黏片

切割方式分为机械切割和激光切割。机械切割是采用金刚石磨轮刀片高速转动来切割的。这种切割方法的主要问题是由于巨大应力作用在晶圆表面,会产生崩裂。激光切割的原理是将激光聚焦在工作物内部以产生变质层,再由扩展胶膜等方法将工作物分解成晶粒,减小应力对硅片的破坏。

由于划片工艺改进,相继开发了"先划片后减薄"(Dicing Before Grinding,DBG)和"减薄划片"(Dicing By Thinning,DBT)方法。DBG 法,即在背面磨削之前将硅片的正面切割出一定深度的切口,然后再进行背面磨削。DBT 法,即在减薄之前先用机械的或化学的方式切割出切口,然后用磨削方法减薄到一定厚度以后,采用 ADPE 腐蚀去除掉剩余加工量,实现裸芯片的自动分离。这两种方法都很好地避免或减少了因减薄而引起的硅片翘曲以及划片引起的芯片边沿损害。特别是对于 DBT 技术,各向同性的 Si 刻蚀剂不仅能去除硅片背面研磨损伤,而且能除去芯片引起的微裂和凹槽,大大增强了芯片的抗碎裂能力。

DBG 加 DAF 切割技术如图 4.5 所示,是在通过 DBG 技术分割成晶粒的晶圆背面贴上 DAF,并再次对 DAF 进行单独切割。DAF 激光切割具有解决晶粒错位和提高加工质量的优点。如能在 DBG 技术中采用 DAF，将有可能在 SiP 所采用的超薄晶粒生产等方面推广 DBG。

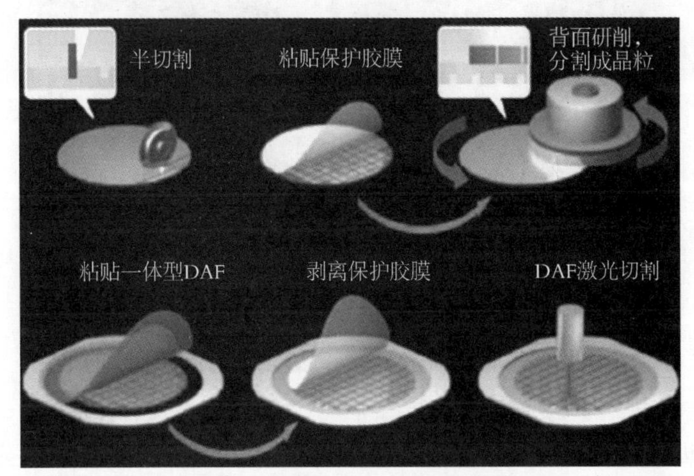

图 4.5　DBG 加 DAF 激光切割

4.2　芯片贴装

芯片贴装(Die Bonding 或 Die Mount)也称为芯片粘贴，是将 IC 芯片固定于封装基板或引脚架芯片的承载座上的工艺过程。

芯片贴装的目的是将一颗颗分离的晶粒放置在导线架(Lead Frame)上并用银胶(Silver Glue)黏着固定，如图 4.6 所示。导线架是提供晶粒一个黏着的位置(晶粒座 Die Pad)，并预设有可延伸 IC 晶粒电路的延伸脚(分为内引脚及外引脚 Inner Lead/Outer Lead)。一个导线架上依不同的设计可以有数个晶粒座，这数个晶粒座通常排成一列，亦有成矩阵式的多列排法。导线架经传输至定位后，首先要在晶粒座预定黏着晶粒的位置上点上银胶(称为点胶)，然后移至下一位置将晶粒置放其上。而经过切割晶圆上的晶粒则由取放臂一颗一颗地置放在已点胶之晶粒座上。黏晶完后导线架则经由传输设备送至弹匣(Magazine)内。

芯片贴装的方式主要有 4 种，分别为共晶粘贴法、焊接粘贴法、导电胶粘贴法和玻璃胶粘贴法。

共晶粘贴法的原理是利用金-硅共晶反应粘贴，采用金-硅合金，加热到 363℃时共晶熔合反应使 IC 芯片粘贴固定。它的工艺方法一般是将硅芯片置于已镀金膜的陶瓷基板芯片座上，在加热至约 425℃时，金-硅共晶反应液面移动使硅逐渐扩散至金中形成紧密结合。这种方法在陶瓷基板封装中广泛应用，可以降低芯片粘贴时孔隙平整度不佳而造成的粘贴不完全的影响。但是，共晶粘贴法在塑料封装中难以消除 IC 芯片与铜引脚之间的应力，并且生产效率低、不适用于高速自动化生产。

图 4.6　芯片粘贴

焊接粘贴法也是利用合金反应进行芯片粘贴，它是在芯片背面淀积一定厚度的 Au/Ni，在焊盘上淀积 Au－Pd－Ag 和 Cu 的金属层。使用合金焊料 Pb－Sn 等将芯片焊接在焊盘上。这种方法良好的热传导性，适合大功率元器件封装。在焊接粘贴法中有两种焊料，分别为硬质焊料和软质焊料。硬质焊料主要是金-硅、金-锡、金-锗等合金，拥有良好的抗疲劳与抗潜变特性，但是难以缓和热膨胀系数差异引发的应力破坏。软质焊料主要是铅-锡、铅-银-铟等合金，可以减轻应力不均的破坏，只是需要在 IC 芯片背面先镀上多层金属薄膜以利于焊料的润湿。

导电胶粘贴法中的导电胶是填充银(75％～80％)的高分子材料聚合物，具有良好的导热导电性能。它有 3 种配方，分别为各向同性材料、导电硅橡胶以及各向异性导电聚合物。各向同性材料可以沿所有方向导电，用于需要接地的元器件；导电硅橡胶可以保护器件免受水、气环境的危害，屏蔽电磁和射频干扰。各向异性导电聚合物可以使电流沿一个方向流动，用于倒装芯片元器件的电连接和消除应变。导电胶粘贴法的芯片背面和基板不需要金属层，并且操作简便易行，适合自动化生产。但是高温存储下的长期降解，界面处会形成空洞引起芯片开裂，空洞处存在热阻造成局部温度升高，引起电路参数漂移。此外，在模块焊接到基板或电路板上时，其吸潮性会产生水平方向的模块开裂问题。

玻璃胶粘贴法的工艺方法是先以盖印、网印、点胶的技术将玻璃胶涂敷在基板的芯片座中，然后放置芯片于玻璃胶上，进行加热并冷却即可完成粘贴。这种方法适合用于陶瓷封装中，无空隙，热稳定性好，接合应力低，湿气含量低，只是热处理时须完全去除胶中的有机成分和溶剂，否则会损害可靠性。

下述介绍两种芯片贴装的设备。

(1)ESEC 粘晶焊接机。ESEC 粘晶焊接机如图 4.7 所示，用于 SOT，SOD，SO，PSSO，PSOP，DPAK，TO，PQFN，Power LED 以及功率模块。该设备的点焊膏头(见图 4.8)、拾放片、热风焊接头(见图 4.9)、视觉对中四位一体。

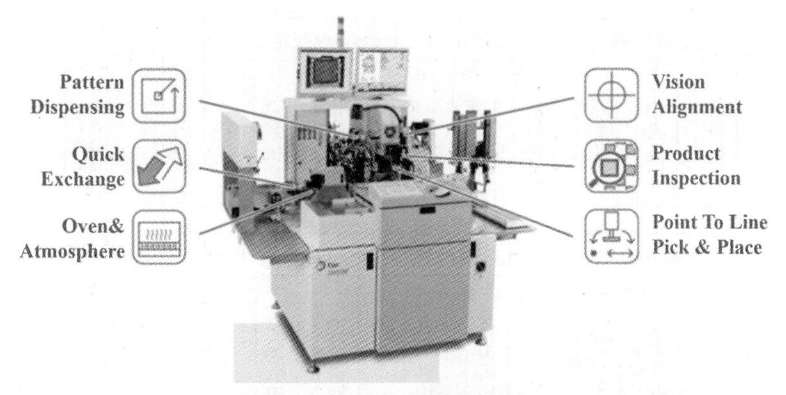

图 4.7　ESEC 粘晶焊接机

图 4.8　点焊膏头

图 4.9　热风焊接头

(2)LED 粘片机。LED 粘片机(又称半导体芯片键合机)是半导体发光二极管、三极管后工序生产线关键设备之一。LED 粘片机主要由上料机构、传输机构、点胶机构、晶片台、拾取黏结机构、顶针机构、收料机构、图像识别系统及控制系统等组成,如图 4.10 所示。

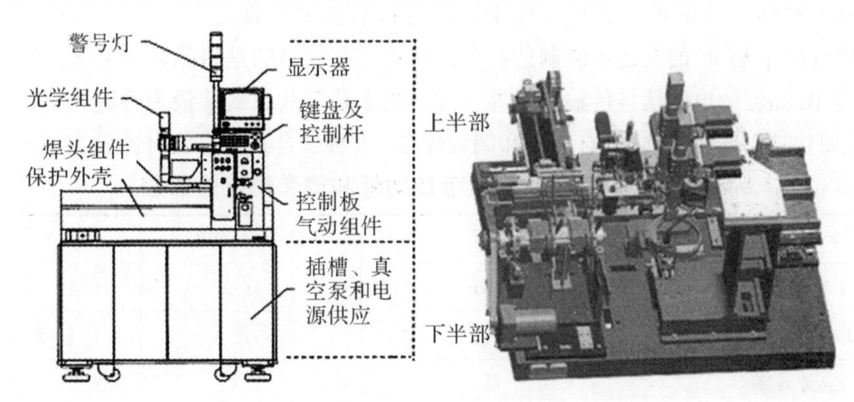

图 4.10　LED 粘片机

LED 粘片机基本工作流程如图 4.11 所示。首先,把一个单引线框从重叠式载具取出并释放落到引线框导轨上,此引线框条会被推动到导轨限定器并从此处开始步进移位,此时移位器会首先把引线框导入点滴银浆的焊位处,在对被扩张的芯片完成图像识别处理后,焊臂会从芯片处选取一个管芯并把它贴合到焊位上,然后会继续移动到下一个焊位直至此引线框全部杯口焊上芯片。

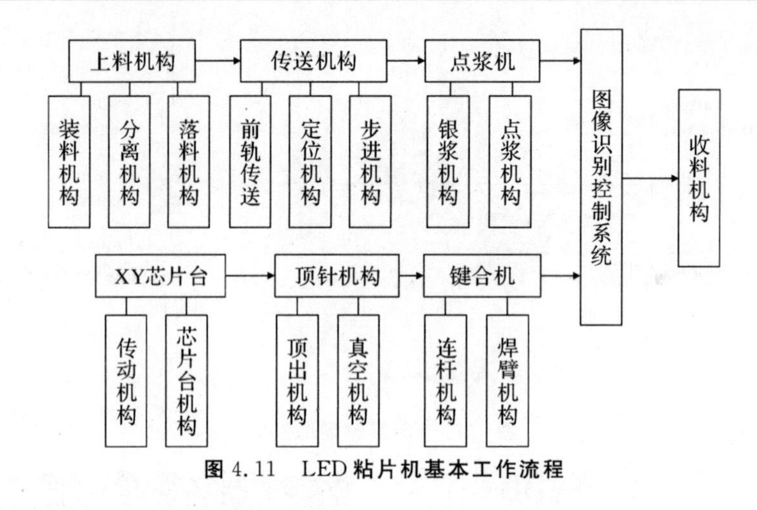

图 4.11　LED 粘片机基本工作流程

4.3　键　　合

在一级封装中，有个很重要的步骤就是将芯片和封装体进行电学互连，通常称为芯片互连技术或者芯片组装。为了凸显其重要性，有些教材也将其列为零级封装。也就是将芯片上的焊盘或凸点与封装体(通常是引线框架)用金属连接起来。在微电子封装中，半导体器件的失效约有一半是由于芯片互连引起的，其中包括芯片互连处的引线的短路和开路等，所以芯片互连对器件的可靠性非常重要。芯片互联主要通过键合技术实现。

芯片键合技术是 IC 的关键组装制造技术。芯片键合的目的是将晶粒上的接点连接到引线框架或基板，将 IC 晶粒的电路信号传输到外界。键合技术是芯片级封装最为关键的工艺技术。芯片键合技术主要包括引线键合、载带自动焊和倒装焊接。3 种键合技术性能对比见表 4.1。

表 4.1　引线键合、载带自动焊和倒装焊接的比较

特性参数	引线键合	载带自动焊	倒装焊接
工艺成熟性	很好	好	很好
获取芯片的难易	容易	一般	较难、需特制
组装效率	低	高	高
封装面积比	1	1.33	0.33
封装质量比	1	0.25	0.20
封装厚度比	1	0.67	0.52
最小引脚间距/μm	100～175(压焊块)，≥300(外引脚)	75～100	200～250
最大外引出端数	400～500	800～1 000	>1 000
每个引出端成本/美元	0.001	0.003～0.010	0.002

4.3.1　引线键合技术

引线键合是用金属丝将集成电路芯片上的电极引线与集成电路底座外引线连接在一起的过程。采用金属丝进行引线键合的原理是：当被焊的金丝或硅铝丝和焊接部位的金属化焊接面紧密接触时，通过劈刀施以一定的压力，再通过以瞬时低电压的大脉冲电流，使劈刀端头加热至所需的温度而实现引线和焊接面的局部发热，从而使接触部位的金属发生塑性变形，并破坏接触界面的氧化层，达到两种金属接触到接近原子之间引力范围，使原子间互相扩散，促使两种金属表面产生弹性嵌合，这样就形成了金属引线与金属化焊接面的连接。

引线键合将芯片焊盘和对应的封装体上焊盘用细金属丝一一连接起来，每次连接一根，这是最简单的一种芯片电学互连技术，从电气连接方式来看属于有线键合。

引线键合主要分为热压键合、超声波键合和热超声键合3种方法。

热压键合机制是低温扩散和塑性流动的结合。它的原理是利用加热和加压力，使焊区金属发生塑性变形，同时破坏压焊界面上的氧化层，使压焊的金属丝与金属焊区金属接触面的原子发生接触，导致固体扩散键合。这种方法主要用于金丝键合，因为金线具有高导电性和良好的抗氧化特性。金丝球焊主要用于金丝键合、塑料封装的IC制造，如SOP，QFP，LCC，PBGA等均采用金丝球焊。

超声波键合的机制是塑性流动与摩擦的结合。它的原理是利用超声波的能量使劈刀产生弹性振动，同时在劈刀上施加一定压力。这两种力的共同作用带动金属丝在焊区表面迅速摩擦，产生塑性变形破坏界面的氧化层，达到原子间的键合。超声波键合通常是通过石英晶体或者磁力控制，将摩擦的动作传送到金属传感器上，当石英通电时金属传感器就会延伸，当石英断电时金属传感器就会收缩。这些动作利用超声波发生器发生，在传感器末端装上焊具，焊具随着传感器的延伸与收缩，可以让焊丝在键合点上摩擦。这种键合主要用于金丝或铝丝键合。楔焊主要用于金丝、铝丝等键合。微波器件、混合电路、陶瓷封装、多芯片封装等，特别是大功率器件的封装，均采用楔焊工艺。

热超声键合是热压键合和超声波键合的结合技术，是通过对热量、焊接压力、超声功率以及焊接时间的科学控制来完成键合的。热超声键合必须先在金属丝末端成球，再使用超声波装置进行金属线与金属接垫之间的键合。金线是热超声键合中最常使用的材料。

3种键合方式的工艺参数比较见表4.2。

表4.2　3种引线键合的利与弊

键合工艺参数	热压	超声波	热超声
键合压力	高	低	低
键合温度/℃	300～500	25	100～150
超声波能量	无	有	有
引线材料	Au	Al、Au	Au

续表

键合工艺	热压	超声波	热超声
优点	①控制方法简单； ②键合材料（金丝）不会脆裂； ③键合方向不受限制（指球焊）； ④可键合比较粗糙的表面和不易氧化的材料； ⑤可键合易碎而不宜使用超声源的器件	①对键合表面的清洁度要求较低； ②无虚焊； ③无金属间隔层问题； ④只需较低的室内温度； ⑤焊点小，易补焊	①所需温度较热压键合低； ②可键合不能承受高温的器件； ③能延缓金属间隔层的形成； ④键合速度快
缺点	①对键合表面的清洁度要求较高； ②会加速形成金属间隔层； ③使用高温（一般高于300℃）会影响器件质量； ④加快球焊焊具的磨损	①控制方法较复杂； ②键合四周，特别是压焊丝末端易脆裂； ③键合表面光滑度要求较高 ④键合方法单一，由前向后	①控制方法复杂，需调整热、压力、时间、功率等； ②在一定高温（一般在150～175℃）时，会发生虚焊及金属间隔层； ③键合表面清洁度要求较高

现在介绍引线键合技术中的焊线方法。焊线的目的是将晶粒上的接点以极细的导线连接到导线架上的内引脚，从而将IC晶粒的电路信号传输到外界。当导线架从弹匣内传送到指定位置后，通过电子影像处理技术来确定晶粒上各个接点以及每一接点所相对应的内引脚上接点的位置，然后进行焊线。焊线时，晶粒上的接点是第一焊点，内引脚上的接点是第二焊点。首先将导线的端点烧结成小球，然后将小球压焊在第一焊点上（这个过程称为第一焊，First Bond）。接着按照设计好的路径拉导线，最后将导线压焊在第二焊点上（这个过程称为第二焊，Second Bond），并拉断第二焊点与钢嘴间的导线，这样就完成了一条导线的焊线程序。接着又结成小球开始下一条导线的焊线，焊线完成后的晶粒与导线架如图4.11所示。以热超声键合为例的键合过程如图4.12所示。

图4.11　第一焊点

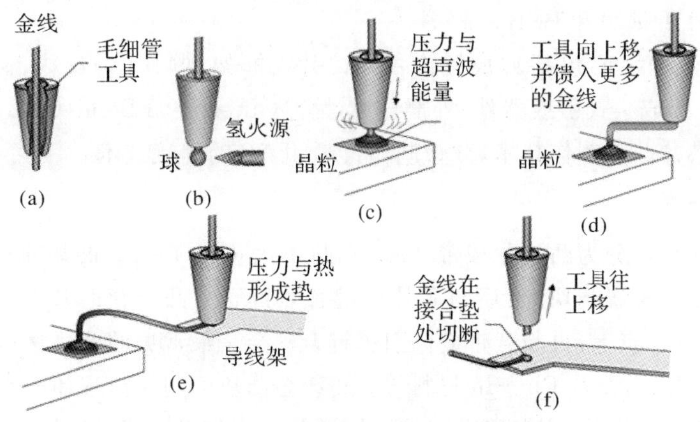

图 4.12　热超声键合过程示意图

引线键合的导线材料通常分为金线、铝线、铜线等。金线具有很好的抗氧化性，通常用于热压键合和热超声波键合。纯度为 99.99%的金线最为常见。为了提高金线的机械强度，通常在金线中添加(5～100)$\times10^{-6}$的铍或者(30～100)$\times10^{-6}$的铜。铝线是超声波键合最常见的导线材料，由于纯铝的导线质材很软，所以通常铝线为铝-1%硅合金。铝线还可以含有 0.5%～1%的镁，这样可以拥有与铝-硅导线相近的强度与延展性，并且还拥有更好的抗疲劳性。铜线的机械属性很强，并且拥有比金线和铝线更好的散热性，成本也更低。在过去几年，铜线焊技术经历了几次飞跃，铜线的商业化应用前景也越来越广阔。

4.3.2　载带自动键合

载带自动焊(Tape Automatic Bonding，TAB)是将 IC 芯片键合到各种组件基板上的一种焊接技术。这个组件包括单芯片和多芯片组件。把具有引线图形的载带引线导体焊接到芯片和组件上相应的 I/O 电极焊区便完成了载带自动焊。在载带自动焊里，IC 芯片可以面朝上和面朝下(见图 4.13)，面朝下的倒装 TAB 比面朝上的组装密度更高，散热性更好。载带自动键合的整个过程均自动完成，因此效率比较高。按照电气连接方式来看属于无线键合方法。

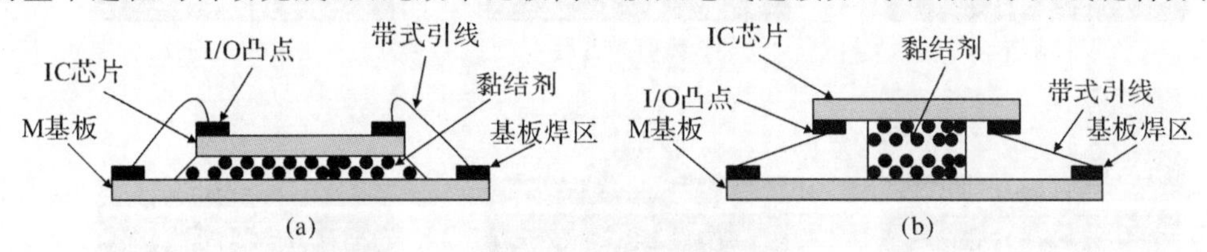

图 4.13　载带自动焊 TAB

(a)倒装 TAB；(b)面朝上的 TAB

载带自动焊可以分为传统式载带焊、倒装式载带焊、凹型式载带焊和阵列载带焊这 4 种基本结构。传统式载带焊是将芯片背面固定在基板上，很容易实现芯片到基板的导线键合，热传导能力也很强。倒装式载带焊将芯片表面对着基板，芯片表面的焊接间距与基板上的间距是一样的，几乎不需要导线，引线电感很小。凹型式载带焊与倒装式类似，芯片与基板之间只需要很短的导线。阵列载带焊可以为导线提供固定在基板上的阵列式键合结构。

基带材料是载带自动焊技术的关键材料，需要耐高温、与 Cu 箔的黏结性好、热匹配性好、收缩率小且尺寸稳定、抗化学腐蚀性强、机械强度高和吸水率低等。主要种类有聚酰亚胺-

PI、聚酯类材料、PET 薄膜和 BCB 薄膜等。

TAB 的工艺流程主要包括形成镀金的 Cu 引线框架、制作凸点、内部导线键合(Inner Lead Bond,ILB)、形成梁式引线器件、外部导线键合(Outer Lead Bond,OLB)。其中涉及的关键技术主要包括芯片凸点制作技术、载带制作技术、TAB 的焊接技术。

1. 凸点制作技术

芯片凸点制作技术分为凸块化载带 TAB 和凸块化芯片 TAB。凸块化载带 TAB 是在载带内引脚的前端生长金属凸块,然后与芯片铝键合点键合。凸块化芯片 TAB 是金属凸块生长于 IC 芯片的铝键合点上,再与载带的内引脚键合。金是最常见的凸块材料。除此之外凸点金属还可以是 Au 合金,以及 Pb－Sn 材料等。传统金凸块的制作流程如图 4.14 所示,需要先在芯片的键合表面溅射多层金属薄膜,这些薄膜通常分为黏着层、阻挡层和表层金。黏着层可以使得铝键合点和凸块之间具有良好的键合力和低接触电阻,阻挡层可以防止芯片上的铝与凸块材料之间的扩散作用,表层金可以提供抗氧化保护。溅射完黏着层之后就可以涂覆光刻胶,电镀金凸块,电镀完成后需要对金凸块进行退火处理,来降低它的硬度。移除光刻胶之后需要刻蚀掉接触涂层,这一步刻蚀很关键,因为需要防止凸块底部扩散阻挡层金属的侧侵蚀,以免破坏 IC 芯片上的铝导线和焊垫结构。

表 4.3　凸点金属材料

芯片焊区金属	黏着层金属	阻挡层金属	凸点金属
Al	Ti	W、Mo、Pt、Pd	Au
Al	Cr	Cu、Ni、Cr	Au、Cu－Au、Au－Sn、Pb－Sn
Al		铜	Pb-Sn

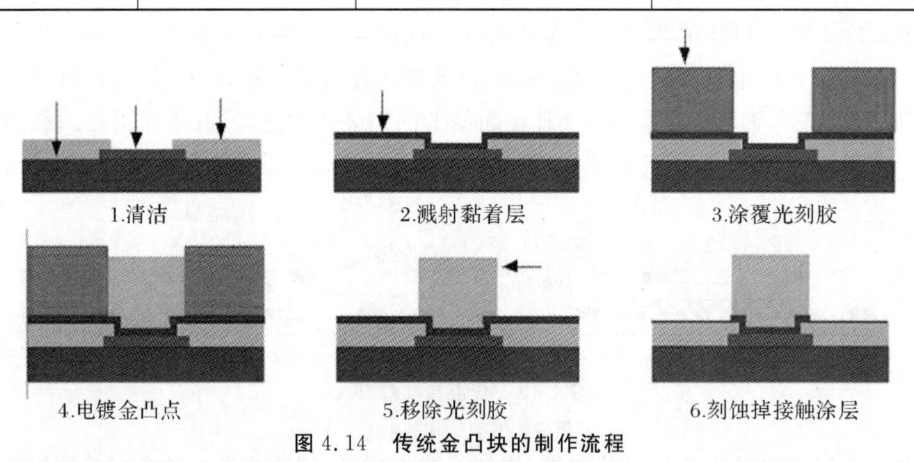

图 4.14　传统金凸块的制作流程

2. 载带制作技术

载带所使用的 Cu 箔引线材料要求导电导热性能好,强度高,延展性和表面平滑性良好,与基带黏结牢固,易于用光刻法制作精细和复杂的引线图形,主要种类有轧制 Cu 箔和电解 Cu 箔。载带根据结构和性质的不同可以分为 Cu 箔单层带、Cu－PI 双层带、Cu－黏结剂－PI 三层带和 Cu－PI－Cu 双金属层带。Cu 箔单层带成本低,制作工艺简单,耐热性能好,不能筛选和测试芯片。Cu－PI 双层带可弯曲,成本较低,设计自由灵活,可制作高精度图形,能筛选和测试芯片。Cu -黏结剂- PI 三层带中的 Cu 箔与 PI 黏结性好，可制作高精度图形，可卷绕，适于批量生产，能筛选和测试芯片，但制作工艺较复杂，成本较高。Cu - PI - Cu 双金属层带可以用于高频器件，改善信号特性。

载带制作技术根据载带类型不同，工艺也不尽相同。TAB 单层载带使用厚度为 50～70 μm的 Cu 箔，制作工艺是冲制出标准的定位传输孔，然后清洗 Cu 箔。在 Cu 箔一面涂光刻胶，进行光刻后，背面涂光刻胶保护，然后进行腐蚀、去胶，最后进行电镀和退火处理。TAB 双层带包括两层，即金属 Cu 箔(或 Al 箔)和 PI。它的制作工艺是将 PI(液态聚酰胺酸 PA)涂覆在 Cu 箔上，然后两面涂胶光刻形成 PI 框架和金属引线图形，同时制作定位传送孔，最后经高温 PA 亚胺化成 TAB 双层带，再对引线图形进行电镀。TAB 三层带中，Cu 箔厚度一般为 18 μm 或 35 μm，黏结剂厚度为 20～25 μm，PI 膜厚约 70 μm。它的制作工艺是：制作冲压模具、冲压 PI 膜定位传送孔和 PI 支撑框架孔、涂覆黏结剂、黏附 Cu 箔、按要求对大面积冲压好的三层带进行切割、将设计好的引线图形制版，经光刻、刻蚀电镀等工艺完成所需的引线图形。TAB 双金属带包括 Cu 箔- PI - Cu 箔，制作工艺是将 PI 膜冲压出引线图形的支撑框架，然后双面黏结 Cu 箔，应用双面光刻技术，制作出双面引线图形，对两个图形 PI 框架间的通孔再用局部电镀形成上下金属互连。

3. TAB 的焊接技术

TAB 的焊接技术分为内部导线键合和外部导线键合。内部导线键合是芯片凸点和载带内引线的焊接，芯片转移到 TAB 载带上。外部导线键合是载带上的铜箔引线与封装基板焊区的焊接，芯片转移到封装基板上。

内部导线键合(ILB)的方法主要有热压键合、低温共熔和回流键合、热超声键合、激光焊接。内部导线键合的主要工艺流程分为对准、焊接、抬起和芯片传送，如图 4.15 所示。对准是将 IC 芯片放在载带引线图形下面，按照设计好的焊接程序，将载带引线图形与芯片凸点进行对准。焊接是将热压焊头落下，加压一段时间，完成接合。抬起是将热压焊头抬起，焊接机把焊接到载带上的 IC 芯片步进卷绕到卷轴上，将下一个载带引线图形放到焊接对准的位置。芯片传送是指将下一个 IC 芯片移动到新的载带引线图形下方进行对准。完成内引线键合的一系列工序与电性能测试后，还需要在芯片和内引脚面或整个 IC 芯片上涂覆一层高分子胶材料，这一层高分子胶可以保护引脚、凸点和芯片，防止外界的应力、水汽等因素产生的破坏。高分子胶材料通常为环氧树脂或者硅胶树脂。

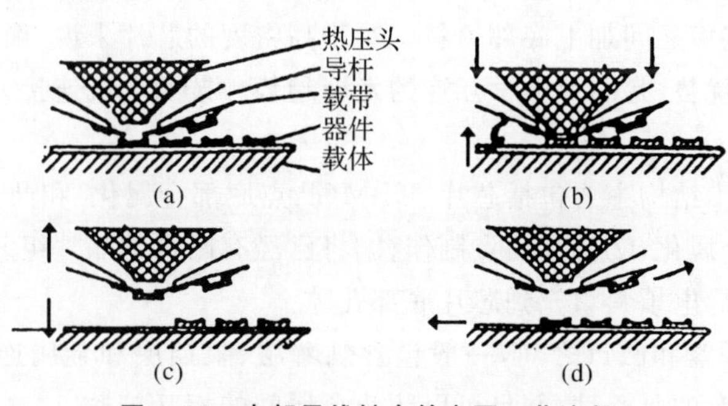

图 4.15　内部导线键合的主要工艺流程

(a)对准；(b)焊接；(c)抬起；(d)芯片传送

外部导线键合(OLB)的工艺流程为切割和引线成型、焊接处理和芯片黏结、对位安装和焊接、清洗。工艺流程如图 4.16 所示。切割和引线成型是指在进行外部导线键合之前,需要将 IC 芯片的引线从载带上面切掉,与此同时,载带的外部引线也会一起成型,这样可以将引线从 ILB 工序带到 OLB 工序,并且还能释放出热应力。切割成型之后,器件被安装头取出进行对位安装,对位需要精密的机械和显示系统,当 OLB 间距小于 100 μm 时,对位需要十分精密,否则容易造成断路。器件对位安装完成后,就可以进行焊接。焊接之后需要对焊区进行清洗,目的是去除残留的焊剂。

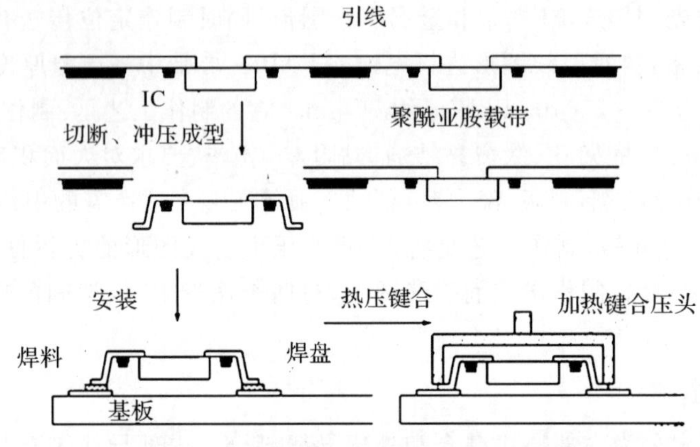

图 4.16　外部导线键合的主要工艺流程

相对于 WB 技术,TAB 技术结构轻薄短小,并且由于 TAB 技术产生的寄生引线 L、C、R 小,因此具有更优良的高速、高频性能。TAB 还具有更小的电极与焊区间距,可以容纳更多的 I/O 引脚。TAB 采用 Cu 箔引线,导热和导电性能好。通过 TAB 技术可以对各类 IC 芯片可进行筛选和测试,可大大提高电子组装的成品率。除此之外,TAB 使用标准化的卷轴,可进行规模化生产,提高生产效率,降低成本。

4.3.3　倒装芯片

倒装焊接是将芯片电极面朝下放置,使芯片电极对准基板上的对应焊区,并通过加热、加压等方法使芯片电极或基板焊区上预先制作的凸点塌陷或熔融后将芯片电极与基板对应焊区牢固地互连焊接在一起的工艺,如图 4.17 所示。芯片和基板之间的互连通过芯片上的凸点结构和基板上的键合材料来实现。这样可以同时实现机械互连和电学互连。同时为了提高互连的可靠性,在芯片和基板之间加上底部填料。对于高密度的芯片来说,倒装焊接不论在成本还是性能上都有很强的优势,是芯片电学互连的发展趋势。按照电气连接方式来看,倒装焊接属于无线键合方法。

倒装焊芯片的基本结构主要包括芯片、UBM(凸点底部金属化)和凸点。倒装焊的主要工艺步骤:①凸点底部金属化;②芯片凸点制作;③将已经有凸点的晶片组装到基板上(倒装焊的组装);第四步使用非导电填料填充到芯片底部孔隙。

UBM 位于芯片焊盘和凸点之间,一般包含黏着层、阻挡层和金属连接层,这样的结构可以保证凸点边缘与焊盘的黏着性,并且可以防止金属间的相互扩散。

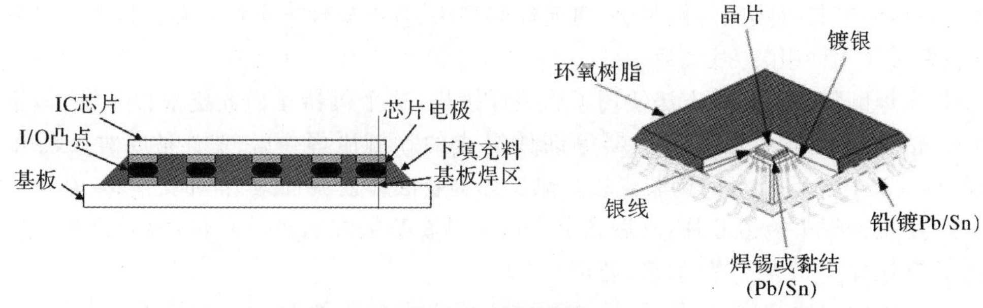

图 4.17　倒装焊接

凸点的作用是在电学上连接芯片和电路板，是倒装焊技术的重中之重，通常是在芯片 I/O 焊盘上制作导电凸点。倒装焊凸点可以分为许多不同的种类，第一种是焊料凸点，制作材料是含 Pb 焊料，因为焊料凸点组装工艺简单，所以使用最广泛。第二种是金凸点，制作材料是 Au 和 Cu，金凸点由电镀工艺制成，虽然工艺简单，但需要用到专门的定位设备和黏结材料。第三种是聚合物凸点，制作材料是导电聚合物，制作设备和工艺也相对简单，应用前景十分良好。

制作芯片凸点的工艺多种多样，概括起来有蒸发/溅镀法、电镀法、置球/模板印刷法、化学镀法、打球法、激光法、移置法等。蒸发/溅镀法的关键工艺技术是掩膜版制作，主要特点是工艺简单而成熟，但设备费用高。适于低 I/O 数、焊区尺寸较大的凸点制作，不宜批量生产。电镀法的关键工艺是光刻和电镀，可制作各类凸点，且 I/O 数、焊区尺寸、节距均不限，适于大批量生产。置球/模板印刷法的关键工艺技术是掩膜版制作和焊料球均匀性技术，主要特点是工艺较简单，成本低，适于制作各种尺寸和比例的 Pb - Sn 焊料凸点，可批量生产。焊料凸点通常是通过电镀的方法制作而成的，如图 4.18 所示。焊料凸点的 UBM 金属是 Ti 和 Cu，依次溅射 Ti 和 Cu，然后在 Ti/Cu 上涂覆一层光刻胶，通过掩膜版光刻形成焊料凸点图形，然后在 Ti/Cu 上先电镀一层 Cu，再电镀 Pb90Sn10 焊料。电镀完成后，去除光刻胶，并用过氧化氢将 Ti/Cu 刻蚀，最后在 215℃下进行回流，形成球形焊料凸点。

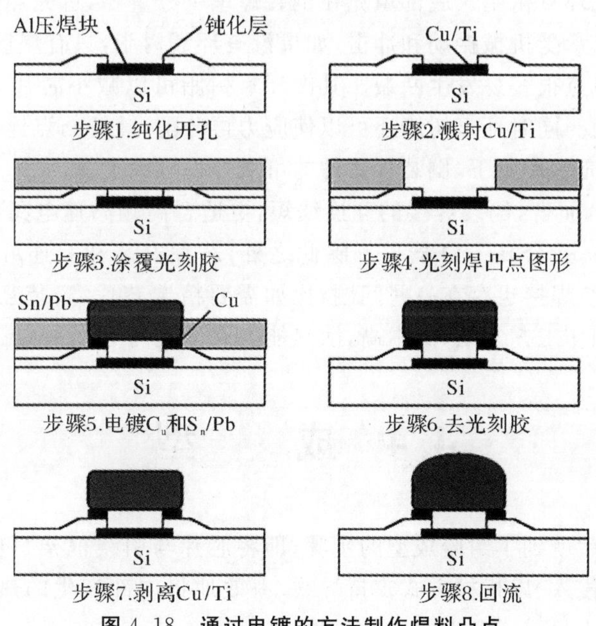

图 4.18　通过电镀的方法制作焊料凸点

倒装焊接的组装有热压焊倒装法、再流焊倒装法、各向异性导电胶粘贴法以及环氧树脂光固化倒装焊法第4种组装方法。

(1)热压焊倒装法。这种方法使用了倒装焊接机,这个机器是由光学对位系统、捡拾热压超声焊头、精确定位承片台和显示器等部件组成的。热压焊倒装可以完成对硬凸点、Ni/AuCu凸点、Cu/Pb-S凸点的倒装焊接。热压焊倒装法工艺流程为:首先把FCB基板放置在承片台上,用捡拾焊头捡拾芯片,然后光学摄像头对着基板焊区进行对位,等对位达到要求的精度后,落下压焊头完成压焊(加热、超声)。

(2)再流焊倒装法又称为C4技术。C4技术可以完成各种Pb/Sn凸点的倒装焊接,工艺流程为:首先凸点制作完成后,用芯片分选器取出单个芯片,将其倒装并放置在盘中;然后用丝印机在基板上丝印焊膏,或在基板上涂一些助焊剂作芯片定位的黏结剂;然后用带有图像识别系统的高精度贴片机,经过精确对位,把芯片放置在基板上;然后在贴片完成后,把基板放入设置好温度的再流炉中进行焊接;接下来在焊接完成后,用适当的溶剂清洗焊剂残留物;最后进行底部填充,固化等工序。C4倒装焊接方法最为流行,是最具有发展潜力的倒装焊技术。

(3)各向异性导电胶粘贴法,它使用各向异性导电胶薄膜(Anisotropic Conductive Adhesive Film,ACAF)将TAB的外引线焊接到玻璃显示板的焊区上,可以应用于液晶显示器LCD(Liquid Crystal Display)与IC芯片的连接。使用各向异性导电胶,可以直接倒装焊到玻璃基板上。这个过程中芯片与基板间是弹性接触,有优良的抗冲击性,焊接温度比较低,对器件的损伤小,并且是无焊剂、无残留物的无铅焊接过程,符合环保要求。

(4)环氧树脂光固化倒装焊法,主要用于微米凸点的倒装焊接,原理是利用光敏树脂(丙烯基系)固化时产生的收缩力将凸点与基板上的金属焊区牢固地互连在一起。它的工艺步骤是:首先在基板上涂光敏树脂,然后将芯片凸点与基板金属焊区对位贴装,最后紫外线照射并加压固化。这种方法工艺简单,不需要昂贵的设备费用,成本低,有发展前途。

完成了倒装焊接的组装之后,最后还需要进行底部填充。把环氧树脂注入芯片和基板之间,再通过固化炉固化环氧树脂。底部填充在倒装焊里十分重要,首先环氧树脂可以保护芯片不受环境的影响,可以承受机械振动和冲击,如果没有环氧树脂,只有焊接点的连接作用,在受到环境的冲击时,焊接点很容易发生断裂。其次环氧树脂可以减小芯片与基板之间的热膨胀失配,起到缓冲的作用。同时环氧树脂还可以使应力再分配,缓解凸点连接处应力较为集中的问题。在环氧树脂填充的作用下,倒装焊器件的可靠性得以大大提高。

相比WB和TAB而言,倒装焊接的互连线短,更适合高频高速电路。倒装芯片封装密度高,芯片焊区可面分布,适合高I/O器件。除此之外,芯片安装和互连可同时进行,适合工业化大批量生产。但倒装焊接也存在一些问题,比如需要精选芯片,安装互连工艺操作难度大,焊点检查困难,凸点制作工艺复杂,成本高,散热能力有待提高等。

4.4 成　　型

芯片互连完成之后就到了封胶成型的步骤,即将芯片与引线框架“包装”起来。封胶目的是防止湿气等由外部侵入、以机械方式支持导线、有效地将内部产生的热排到外部、提供能够手持的形体,图4.19为封膜成型设备平行封焊机。

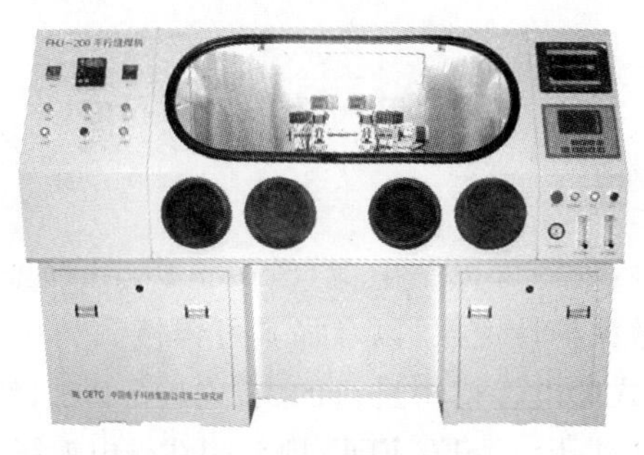

图 4.19　平行封焊机

IC 外壳封装技术有金属封装、塑料封装、陶瓷封装等。塑料封装是最为常用的封装方法，它占据了 90%的市场。塑料封装的成型技术有多种，包括转移成型技术（Transfer Molding）、喷射成型技术（Inject Molding）、预成型技术（Premolding）等，但最主要的成型技术是转移成型技术。

转移成型技术使用的材料一般为热固性聚合物。热固性聚合物在低温时是塑性的或流动的，但将其加热到一定温度时，发生交联反应，形成刚性固体。若继续加热，聚合物只能变软而不能熔化、流动。

转移成型技术的工艺流程为将已贴装芯片完成引线键合的框架带置于模具中，将塑封的预成型块在预热炉中加热，放入转移罐中。在转移成型活塞的压力下，塑封料被挤压到浇道中，并经过浇口注入模腔（在整个过程中，模具温度保持在 170～175 ℃）。塑封料在模具中快速固化，经过一段时间的保压，使得模块达到一定硬度，然后用顶杆顶出模块，成型过程就完成了。

转移成型技术的优点是技术和设备成熟，工艺周期短，成本低，几乎无需后整理，适合大批量生产；缺点是塑封料利用率不高（20%～40%浪费），使用标准框架材料，难以扩展应用到较先进的封装技术中，对于高密度封装受限制。

4.5　去飞边毛刺

飞边毛刺现象是指塑料封装中塑封料树脂溢出、贴边毛带、引脚毛刺等现象。造成飞边毛刺的原因很复杂，一般认为与模具设计、注模条件及塑封料本身有关。随着模具设计的改进及严格控制注模条件，毛刺问题越来越小了，在一些比较先进的封装工艺中，已不再去飞边毛刺。

去飞边毛刺工序主要有介质去飞边毛刺（Media Deflash）、溶剂去飞边毛刺（Solvent Deflash）、水去飞边毛刺（Water Deflash）、树脂清除（Dejunk）工艺。其中，介质和水去飞边毛刺的方法用得最多。

介质去飞边毛刺是将研磨料（如粒状的塑料球）与高压空气一起冲洗模块。在去飞边毛刺过程中，介质会轻微摩擦引脚框架表面，有助于焊料和金属框架的粘连。水去飞边毛刺是用高压的水流来冲击模块，有时也会将研磨料与高压水流一起使用。溶剂去飞边毛刺只适用于很薄的毛刺。树脂清除是利用机械模具将引脚间的废胶去除，即利用冲压的刀具去除掉介于封装体（Package）与障碍杆（Dam Bar）之间的多余胶体。

4.6 引脚电镀

对封装后框架外引脚的后处理可以是电镀(Solder Plating)或是浸锡(Solder Dipping)工艺,该工序是在框架引脚上做保护性镀层,以增加其可悍性。

电镀目前都是在流水线式的电镀槽中进行的:首先进行清洗,然后在不同的电镀槽中进行电镀,最后冲洗、吹干,放入烘箱中烘干。ESEC EDF/EPL 引线框电镀线如图 4.20 所示。

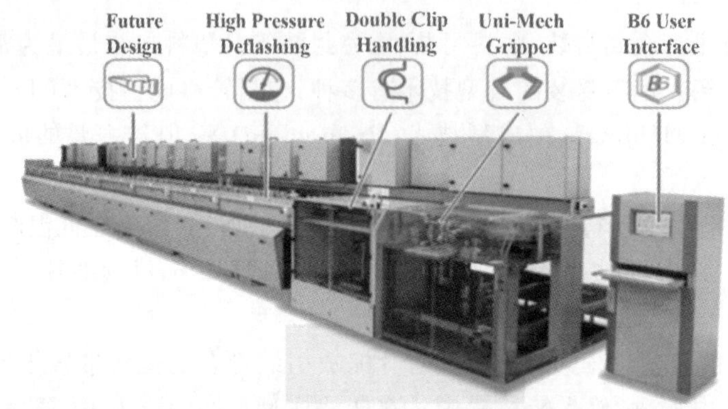

图 4.20 ESEC EDF/EPL 引线框电镀线

浸锡首先也是清洗工艺,将预处理后的元器件在助焊剂中浸泡,浸入熔融铅锡合金镀层。工艺流程为去飞边、去油、去氧化物、浸助焊剂、热浸锡、清洗、烘干。

4.7 切筋成型

切筋的目的是要将整条导线架上已封装好的晶粒独立分开。切筋完成时每个独立封胶晶粒的模样,是一块坚固的树脂硬壳并由侧面伸出许多支外引脚。而成型的目的则是将这些外引脚压成各种预先设计好的形状,以便于之后装置在电路板上使用。由于定位及动作的连续性,切筋及成型通常在一部机器上,或分成两部机(Trim/Dejunk , Form/Singular)连续完成。成型后的每一颗 IC 便送入塑料管(Tube)或承载盘(Tray)以方便输送。

4.8 打 码

打码印字的目的是注明商品规格、制造商、国家等。良好的印字令人有产品质量好的感觉,因此在 IC 封装过程中印字是相当重要的,往往会因为印字不清晰或字迹断裂而导致退货重新印字的情形。印字的方式有直接像印章一样印字在胶体上,即直印;使用转印头,从字模上沾印再印字在胶体上,即转印式;使用激光直接在胶体上刻印,即激光刻印。目前激光刻印已经在封装行业广泛使用,大大提升了打码质量和效率。

第5章 芯片与电路板装配

5.1 印制电路板

20世纪初期，“印制电路”的概念由 Paul Eisler 首次提出，并且他研制出世界上第一块印制电路板(Printed-Circuit Board，PCB)。印制电路板是一个覆盖有单层或多层布线的基板(见图5.1)，主要用于承载和连接第一级封装完成的元器件与电阻等电子电路元器件，来组成具有特定功能的模块。迄今为止，印制电路板已经是电子封装领域使用最广泛的基板，它通常属于二级电子封装技术。

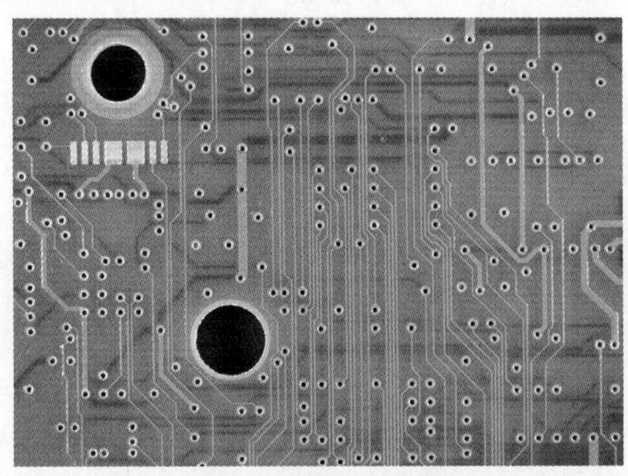

图5.1 印制电路板

常见的印制电路板有硬式印制电路板(Rigid PCB)、软式印制电路板(Flexible PCB)、金属夹层电路板(Coated-Metal Boards)与射出成型(注模)电路板(Injection Molded PCB)等4种。

除了金属夹层电路板与少部分的射出成型(注模)电路板外，印制电路板通常用玻璃纤维强化的高分子树脂板材披覆铜箔电路制成。它的制造工艺是一系列的机械、化学与化工技术的组合，包括机械加工(钻孔、冲孔)、电路成型、叠合、镀膜(电镀、无电电镀、溅射或化学气相淀积)、蚀刻、电性与光学检测。多层印制电路板包括内层电路的设计与刻蚀、电路板之间的互连等。早期的电路板由酚醛类树脂(Phenolics)与纸板叠合，再覆盖上刻蚀的铜箔电路而制成，现在的印制电路板在工艺、材料、结构设计、电性能等方面均有很大的进步，能提供比以前高百倍的封装密度。

根据导体电路的层数，印制电路板可以分为单面、双面和多层印制电路板。单面印制电路板上刻蚀的铜箔电路只覆盖了电路板的一面，板上钻有孔来固定电子元器件的引脚。双面印制电路板的铜箔电路覆盖于电路板的两面，电路板上有导孔，孔壁上覆有电镀铜膜以提供基板两面电路的连通，电镀导孔可以大幅提高电路连线的密度。多层印制电路板含有两层以上的电路结构，它可以用单面和双面电路板叠合而成，并制出各种形式的电镀导孔，形成垂直方向的导通。

5.2 PCB 多层板互连

多层 PCB 基板的制作工艺与普通的 PCB 基板基本相同，只是多层 PCB 基板电路布线更庞大复杂、完成的功能更多、性能要求更高，因此相应的多层 PCB 基板的布线密度更高，线宽及间距更小，图形要求更精密，再加上多层间需要合适的通孔连接，多层 PCB 基板的工艺制作难度大为增加。但多层技术是建立在单层制作技术基础上的，在未形成多层叠合之前，每一层就如同一般的 PCB 单层板，叠合起来增加了一些特殊的工艺技术，主要是通孔及其连接技术。多层 PCB 基板的一般工艺流程如图 5.2 所示，包括钻孔、通孔金属化、制作布线图形、叠片层压、制作阻焊图形、焊盘涂覆 Pb－Sn 层、外形加工。

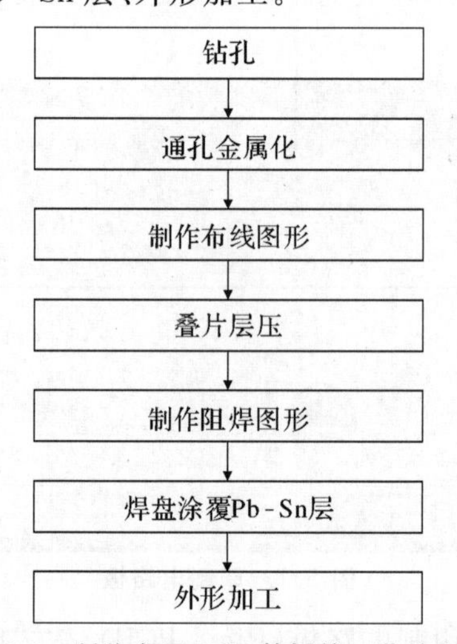

图 5.2　制作多层 PCB 基板的工艺流程图

设计多层 PCB 板时有一些普遍的原则。为了减少多层线路的层间干扰，特别是在高频场景下的干扰，两层之间的走线应该相互垂直。电源层应该设置在内层，它与接地层应和上下的信号层的距离相近并均匀分配，这样既可以避免电源线过长而干扰信号传输，又可以防止外界对电源的干扰。

随着信息技术的不断发展，各种新型的封装技术不断涌现，许多电子设备变得越来越轻薄和小型化，这就促使 PCB 基板向超薄型多层板发展。这类 PCB 板具有窄间距、小孔径、细线宽、盲孔等特征，使得工艺制作过程中产生了许多新技术。

1. 薄和超薄铜箔的采用

一般的 PCB 多层板使用的铜箔厚度为 18 μm 或 35 μm，而 PCB 多层板通常使用厚度在

18 μm 以下的薄铜箔，如 9 μm，甚至 5 μm。这是由 PCB 多层板的细线宽、窄间距(0.10 mm 或 0.05～0.08 mm)所决定的。对于细、窄的线条，如果在光刻过程中在线条上形成数微米的针孔，由于腐蚀线条时存在侧向腐蚀，等到厚铜箔深度腐蚀透，侧向也差不多断条了，这会提高阻抗，严重影响传输性能和可靠性。而薄铜箔的侧向腐蚀小，线条的一致性会提高很多。

2. 小孔钻削技术

由于 PCB 多层板具有孔径小、密度高、定位精度高等特点，对小孔钻削技术就会有更高的要求，必须采用数控机床高速钻削、冲孔和激光打孔方式。对于厚度远远小于 0.1 mm 的内径基片，内设有埋孔，从经济和成本的角度考虑，大多采用冲孔方法，而层压后的通孔通常采用数控钻孔完成，以保证多层板的加工质量。

3. 小孔金属化技术

由于孔径小，孔的金属化难度也随之增加，因而相应的工艺技术也要不断提高。为了提高多层板孔的金属化质量，钻完孔的多层板要进行污腻处理。传统的使用强酸、强碱的去污腻法效果往往不好，取而代之的是先进的等离子法和碱性高锰酸钾去污腻技术。在高频高压电场作用下，抽真空后充入的 N_2、O_2 或 CF_4 气体被离化成为等离子气体，它们的化学活性很强。将钻孔后的多层板放在其中，孔壁上的污腻就会与等离子体反应，就可以去除污腻，有利于小孔的金属化。

4. 深孔电镀技术

无论是埋孔还是通孔金属化，都希望具有一定的厚度，阻值小且孔壁镀层平整、光滑，而小孔又细又深则会给金属化的工艺带来的困难。黑孔技术和直接孔金属化技术就是近几年推出的两种金属化新技术。

黑孔技术是一种将以导电碳粉为基础的水溶性悬浊液均匀涂在孔壁，使孔壁均匀导电从而获得均匀电镀层的新工艺。其工艺流程是钻孔—去毛刺—清洗—整孔—水洗—黑孔—抗氧化处理—水洗—烘干—全板电镀。

直接孔金属化(Direct Metallization System，DMS)技术是先用含高锰酸钾的溶液对非金属孔壁进行氧化处理，在孔壁表面产生一层 MnO_2，然后进行有机单分子催化或活化处理，在孔壁上均匀地涂一层有机单分子膜，接着放入稀 H_2SO_4 溶液中，通过氧化聚合反应，得到含盐类的高分子导电膜。DMS 技术的工艺流程是钻孔—去毛刺—整孔—水洗—微蚀—水洗—氧化—水洗—催化—固着—水洗—全板电镀。

5. 精细线条的图形刻蚀技术

传统 PCB 层板的图形刻蚀技术是粘贴厚的干膜抗蚀剂后进行光刻、腐蚀布线图形的，由于膜厚和工艺的限制，干膜抗蚀剂分辨率较低，只能用于制作 0.15 mm 以上的布线图形，而液体光敏抗蚀剂和电沉积光敏抗蚀剂能弥补干膜抗蚀剂分辨率较低的弱点，刻蚀出精细线条图形，液体光敏抗蚀剂能刻蚀出 0.10 mm 的布线图形，电沉积光敏抗蚀剂能刻蚀出 0.05～0.08 mm的布线图形。

为了得到精细的布线图形，还可以进行板面的前处理。用浮石研磨技术代替含磨料的尼龙针刷磨，能得到更加均匀、细致的板面，有助于精细线条的刻蚀。

6. 真空层压技术

层压板的每层之间都有半固化黏着剂，在加热加压条件下，黏着剂中的低分子挥发物及吸附的气体都要溢出,在一般条件下进行层压,会有少量的挥发物或气泡留在层间,影响多层板的平整度,还会造成层间电路错位等。真空层压技术不仅能使层压时的压力明显下降,而且低分子挥发物及气泡更容易排出,减小树脂的流动阻力,使层压的板厚偏差明显减小,这对制作精细布线图形的多层板尤为重要。

近年来PCB基板技术得到了迅速发展,但依旧面临一些问题。电子设备的小型化与高性能、引脚间距日益减小、新的封装如BGA和CSP等逐渐流行,这些都要求PCB技术必须革新,以适应高密度组装的需求。传统的环氧玻璃PCB板介电常数较大,信号延迟时间长,不能传输高速信号。当前主流PCB板的间距为0.2～0.25 mm,当要制作0.1 mm以下的间距时,成本增加,成品率难以保证。传统的PCB板散热也是个棘手的问题。除此之外,传统的PCB板的制作面临着严重的环境污染问题,这就要使用对环境影响小的基板材料。

为了解决上面的问题,新技术、新工艺已经在研发过程中了,比如小通孔的加工已经在探讨使用化学方法或者激光技术。以往在PCB上形成线条和间距都是用光刻的方法,如今采用激光直接成像(Laser Direct Imaging,LDI)技术,通过CAD/CAM系统控制LDI在PCB涂覆光刻胶的一层直接绘制出图形。LDI技术可以提高劳动生产率,缩短设计和生产周期,从设计到生产实现全面自动化,保证了产品的质量。

此外,日本松下公司提出了完全内部通孔(All Inner Via Hole,ALIVH)技术,这个技术能实现PCB密度高、层数少、设计简化等目标,是一整套的PCB问题解决方案,解决了PCB面临的许多问题。

5.3 元器件与电路板互连

芯片完成一级封装后,根据封装引脚的形状、引脚与PCB的互连技术可以分为通孔插装技术和表面贴装技术。在这两种技术中,引脚的主要功能是传导热和电信号,表面贴装元器件的接点还需要承载元器件的重量。

5.3.1 通孔插装

THT是通孔插装技术(Through Hole Technology)的缩写,它是封装中历史最悠久的元器件与电路板的结合方式。通孔插装技术根据引脚插入后的形状可以分为直插型、弯曲型、铲型等。通孔插装技术中元器件引脚与电路板上导孔的结合有两种方式,分别为弹簧固定式和引脚的焊接。

弹簧固定式方式是指将引脚插入固定在电路板上的弹簧夹中。由于陶瓷材料与高分子树脂制成的PCB热膨胀系数差距大,如果直接把陶瓷封装焊接到PCB上,就会产生热应力破坏,但使用弹簧夹就可以利用弹簧的松弛效应来缓解这个热应力。此外,使用弹簧固定式插装也方便了元器件的升级与更换。弹簧固定式插装的一般步骤为首先元器件对齐,然后制动机具将引脚推进弹簧夹,借着这个推力还可以去除表面的污染层,降低接触电阻。

引脚的焊接是引脚与电路板结合的重要方式,其中最常见的技术是波峰焊。波峰焊借助于泵的作用,利用熔融的液态焊料在焊料槽液面形成特定形状的焊料波。插装了元器件的PCB置于传送链上,经过某一特定的角度以及一定的浸入深度穿过焊料波峰而实现焊点焊接。波峰焊的一般步骤为助焊剂涂布—预热—焊锡涂布—多余焊锡吹除—检测—清洁。

涂布助焊剂是为了清洁 PCB 上金属焊接表面与导孔内壁。助焊剂涂布的方法通常有发泡式涂布、波式涂布、喷洒或毛刷涂布。发泡式助焊剂中加入了添加剂以加强发泡性，用打气装置在助焊剂里产生气泡，然后将泡沫状的助焊剂通过烟充式管道涂布到 PCB 上。波式涂布是用直流马达与推进扇叶通过喷口产生波式的助焊剂，这种方法比发泡式涂布有更强的涂布能力，适用于高密度、高黏滞性的助焊剂。喷洒或毛刷涂布的不足在于助焊剂损耗较快、设备保养困难、需要良好通风环境等。

预热 PCB 有助于挥发助焊剂中的溶剂，提升助焊剂活性，使其清洁能力更强，增加焊锡的润湿性，平衡器件之间的温度不均匀。

焊锡涂布是将装有元器件的 PCB 通过锡槽，槽中持续涌出的焊锡被涂布到 PCB 上，同时还能清洁结合点表面金属的氧化层。焊锡波与电路板移动的方向相反，电路板输送带与焊锡系统倾斜，这个倾斜可以抑制焊锡过度涂布，减少水柱状焊点或相邻焊点架桥短路的缺陷。涂布焊锡的时间需要控制好，时间过长会引起元器件的高温损坏，时间过短会使得 PCB 温度不够，降低了焊锡的润湿性。

近年来在一般层流型波峰焊前加入扰流性波峰焊，它可以增强焊锡对焊垫表面氧化层的清洁能力，增强焊锡深入涂布的能力，避免漏焊，同时可以加速助焊剂挥发气体的排除，避免导孔与焊垫发射焊锡填充不足的现象。

多余焊锡吹除是通过空气刀(高压热空气)将焊点上多余的焊锡吹除，此外还可以使焊点的微细结构更精确，降低多余焊锡凝固时产生的应力，提升 PCB 的可靠性。

5.3.2　表面贴装

SMT 就是表面贴装技术(Surface Mounted Technology)的缩写，是目前电子组装行业里最流行的一种技术和工艺。表面贴装技术是一种无需在印制板上钻插装孔，直接将表面组装元器件贴、焊到印制电路板表面规定位置上的电路装连技术。

电子组装技术的发展在很大程度上受组装工艺的制约，如果没有先进组装工艺，先进封装难以推广应用，所以先进封装的出现，必然会对组装工艺提出新的要求。一般来说，BGA、CSP 和 MCM 完全能采用标准的表面组装设备、工艺进行组装，只是由于封装端子面阵列小型化而对组装工艺提出了更严格的要求，从而促进了电子组装设备和工艺的发展。电子组装技术向着敏捷、柔性、集成、智能、环保的方向发展。SMT 生产线如图 5.3 所示，主要生产设备有送料机、印刷机、点胶机、高速机、贴片机、回焊炉、收料机。

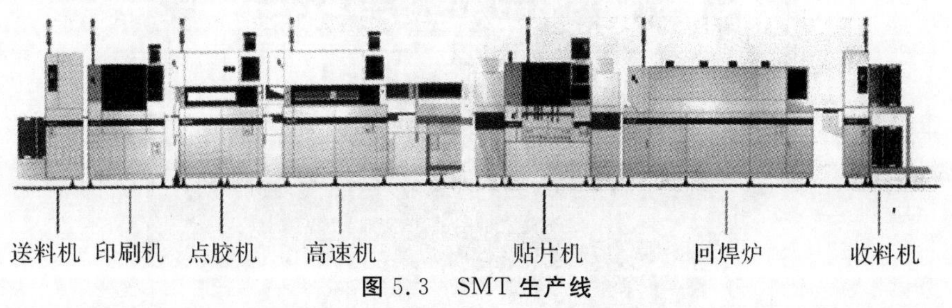

图 5.3　SMT 生产线

当把 SMD 和 SMC 元件贴装在基板上时，就会形成 3 种主要的类型(见表 5.1)，分别为 SMT－Ⅰ型(全表组装型)、SMT－Ⅱ(双面混装型)、SMT－Ⅲ(单面混装型)。每种类型的工艺流程不同，并且需要不同的设备。根据所用元器件的类型、总体设计的要求和现有生产线设备的实际条件，设计组装工艺流程和工艺要求。不同的组装类型有不同的工艺流程，同一组装类型也可以有不同的工艺流程。

表 5.1 SMT 组装类型表

组装方式		示意图	特点	焊接方法
SMT-Ⅰ型 全表面组装	ⅠA 单面组装	A / B	工艺简单	回流焊
	ⅠB 双面组装	A / B	高密度组装，薄型化	回流焊
SMT-Ⅱ型 双面混装	ⅡA SMC，SMD 和 THT 均在 A 面	A / B	高密度组装，采用先贴法	回流焊 波峰焊
	ⅡB THT 在 A 面，SMC/SMD 在 A 面，SMC 在 A 面和 B 面	A / B	高密度组装，采用先贴法	回流焊 波峰焊
	ⅡC SMC，SMD 和 THT 均在 A 面和 B 面	A / B	工艺复杂，很少采用	回流焊 波峰焊 手工焊 选择波峰焊
SMT-Ⅲ型 单面混装	Ⅲ SMC 在 B 面 THT 在 A 面	A / B	采用先贴后插的工艺，PCB 成本低，工艺简单	波峰焊

微组装 SMT 设备包括丝印机（MPM、GKG）、点胶机（HDF）、贴片机（Yamaha、Fuji）、回流焊炉（Heller、JLT）、AOI 检测（Aleader），如图 5.4 所示。

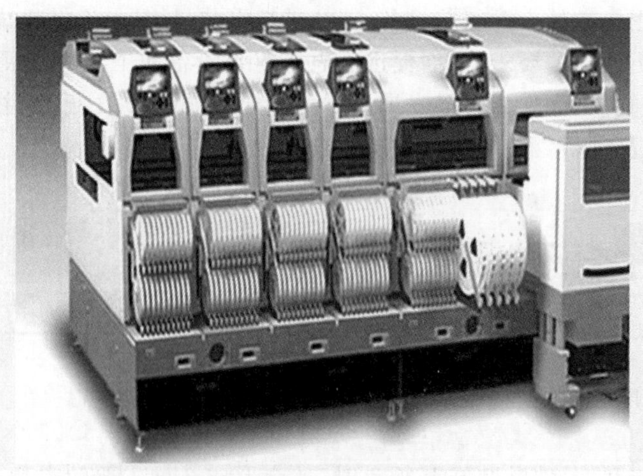

图 5.4 微组装 SMT 设备

(1)丝印机。丝网印刷将焊膏印在 PCB 焊盘上,主要有非接触式的丝网印刷和接触式的模板漏印,SMT 一般采用模板漏印,习惯上统称丝网印刷。丝印机可分为全自动,半自动和手动 3 种。实际生产中,不合格的 SMT 组装板中 60%是由于锡膏丝印质量差造成的,所以印刷焊膏是 SMT 组装制造关键的第一步。在锡膏丝印中有 3 个关键的要素,称之为"3S"要素,即 Solder paste(锡膏) 、Stencils (模板)和 Squeegees(丝印刮板),3 种要素的正确结合是持续的丝印品质的关键所在。丝印机的控制参数的调节包括刮刀压力、印刷厚度、印刷速度、分离速度、刮刀的宽度和印刷间隙等。

(2)点胶机。随着 SMT 技术变得更加复杂和要求更高,有效地分配(Dispensing)表面贴装胶 SMA (Surface Mount Adhesive)的挑战也已经变得越来越重要。在片式元件与插装元器件混装时,需要用贴片胶把片式元件暂时固定在 PCB 的焊盘位置上,防止在传递过程或插装元器件、波峰焊等工序中元件掉落。在双面再流焊工艺中,为防止已焊好面上大型器件因焊接受热熔化而掉落,也需要用贴片胶固定。

涂布的方法可以分为针式转移、注射法和模板印刷,3 种方法各有其特点,见表 5.2。

表 5.2　SMA 涂布方法比较

项 目	针式转移	注射法	模板印刷
特点	·适用于大批量生产。 ·所有胶点一次成形。 ·基板设计改变针板设计有相应改变。 ·胶液暴露在空气中。 ·对胶黏剂黏度控制要求严格。 ·对外界环境温度、温度的控制要求高。 ·只适用于表面平整的电路板。 ·欲改变胶点的尺寸比较困难	·灵活性大。 ·通过压力的大小及压时间来调整点胶量因而胶量调整方便。 ·胶液与空气不接触。 ·工艺调整速度慢,程序更换复杂。 ·对设备维护要求高。 ·速度慢,效率不高。 ·胶点的大小与形状一致	·所有胶点一次操作完成。 ·可印刷双胶点和特殊形状的胶点。 ·网板的清洁对印刷效果影响很大。 ·胶液暴露在空气中,对外界环境湿度、温度要求较高。 ·只适用于平整表面。 ·模板调节裕度小。 ·元件种类受限制,主要适用片式矩形元件及 MELF 元件。 ·位置准确、涂布均匀、效率高
速度	30 000 点/h	20 000～40 000 点/h	15～30sc/块
胶点尺寸	·针头的直径。 ·胶黏剂的黏度	·"止动"高度。 ·胶嘴针孔的内径。 ·涂布压力、时间、温度	·胶黏剂的黏度。 ·模板开孔的形状与大小。 ·模板厚度
粘胶剂的要求	·不吸潮。 ·黏度范围在 15 Pa·s 左右	·能快速点涂。 ·形状及高度稳定。 ·黏度范围 70～100 Pa·s	·不吸潮。 ·黏度范围为 200～300 Pa·s

点胶工艺的控制也是 SMT 工艺中的重点,影响着 SMT 的质量。需要对胶的黏度要进行严格控制。胶的黏度直接影响点胶的质量,黏度大,则胶点会变小,甚至拉丝;黏度小,胶点会变大,进而可能渗染焊盘,见表 5.3。点胶过程中,要应对不同黏度的胶水,选取合理的压力和点胶速度。

表 5.3 胶黏剂的黏度要求

涂布方式	SMC/SMD 形状或尺寸/mm	黏度/Pa·s
针印法	圆柱形 $\phi 2.2\times6$	15±5
注射法	矩形	70±5
丝网漏印法	矩形	300±10
	圆柱形 $\phi 1.5\times3.5$	200±10

需要对点胶量的大小进行控制。贴片胶滴的大小和胶量，要根据元器件的尺寸和重量来确定，胶点直径的大小应为焊盘间距的一半，这样就可以保证有充足的胶水来黏结元件又避免过多胶水浸染焊盘。点胶量多少由点胶时间长短及点胶量来决定。

需要对贴片胶的点涂位置进行控制。有通过光照或加热方法固化的两类贴片胶，涂敷光固型和热固型贴片胶的技术要求也不相同。如图 5.5 (a)所示表示光固型贴片胶的位置，因为贴片胶至少应该从元器件的下面露出一半，才能被光照射而实现固化；图 5.5(b)所示是热固型贴片胶的位置，因为采用加热固化的方法，所以贴片胶可以完全被元器件覆盖。

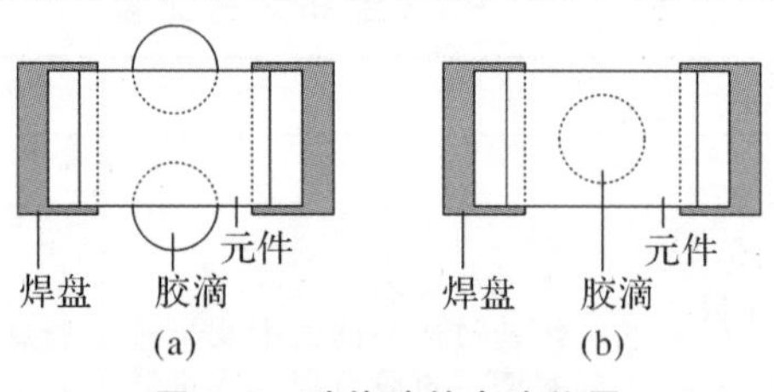

图 5.5 贴片胶的点涂位置

(a)光固型贴片胶；(b)热固型贴片胶

需要对点胶压力进行控制。点胶机采用给点胶针头胶筒施加一个压力来保证足够胶水挤出。压力太大易造成胶量过多；压力太小则会出现点胶断续现象。应根据胶水的品质、工作环境温度来选择压力。

需要选择点胶嘴大小。点胶嘴内径大小应为点胶胶点直径的 1/2，点胶过程中，应根据 PCB 上焊盘大小来选取点胶嘴，如 0805 和 1206 的焊盘大小相差不大，可以选取同一种针头，但是对于相差悬殊的焊盘就要选取不同的点胶嘴，这样既可以保证胶点质量，又可以提高生产效率。

需要对点胶嘴与 PCB 板间的距离进行控制。点胶嘴与 PCB 板间的距离是保证胶点的适当径高比的必要因素。一般，对于低黏性的材料，径高比应该大约为 3∶1，对于高黏度的锡膏为 2∶1。

还需要控制胶水温度。一般环氧树脂胶水应保存在 0～5℃的冰箱中，使用时应提前 0.5 h 拿出，使胶水充分与工作温度相符合。胶水的使用温度应为 23～25℃，环境温度对胶水的黏度影响很大，温度过低则会胶点变小，出现拉丝现象。环境温度相差 5℃，会造成 50%点胶量变化，因而对于环境温度应加以控制。

涂敷贴片胶以后进行贴装元器件，这时需要固化贴片胶，把元器件固定在电路板上。比较典型的固化方法有 3 种：①用电热烘箱或红外线辐射加热；②在黏合剂中混合添加一种硬化剂，使贴片胶在室温固化；③用紫外线辐射固化贴片胶。

(3)贴片机。全自动贴片机是由计算机、光学、精密机械、滚珠丝杆、直线导轨、线性马达、谐波驱动器以及真空系统和各种传感器构成的机电一体化的高科技装备。贴片机的类型有几种分类,它们在组装速度、精度和灵活性方面各有特色,要根据产品的品种、批量和生产规模进行选择。贴片机按贴装方式分为顺序式、同时式、同时在线式、流水作业式,按自动化程度分为手动式、半自动式、全自动式,按贴片机结构分为动臂式、转塔式、复合式。目前国内电子产品制造企业里使用最多的是顺序式贴片机。顺序式贴片机按速度分为中速、高速、超高速,按功能分为高速、多功能,下述介绍几种常用的贴片机。

1)动臂式(Gantry)贴片机。动臂式机器是最传统的贴片机,如图 5.6 所示。元件送料器和基板(PCB)是固定的,安装了多个真空吸料嘴的贴片头在送料器与基板之间来回移动,将元件从送料器取出,经过对元件位置与方向的调整,然后贴放于基板上,因贴片头安装于拱架型的 X/Y 坐标移动横梁上而得名(见图 5.7)。

图 5.6　动臂式贴片机

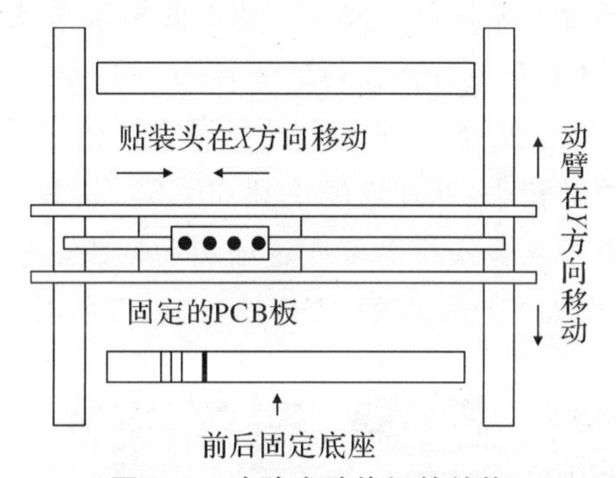

图 5.7　动臂式贴片机的结构

动臂式机器分为单臂式和多臂式。这类机型的优势在于系统结构简单、可实现高精度、适于各种大小形状的元件,甚至异型元件,送料器有带状、管状、托盘形式,适于中小批量生产,也可多台机组合用于大批量生产。

2)转塔型(Turret) 贴片机。转塔型贴片机如图 5.8 所示。元件送料器放于一个单坐标移动的料车上,基板(PCB)放于一个 X/Y 坐标系统移动的工作台上,贴片头安装在一个转塔上,工作时料车将元件送料器移动到取料位置,贴片头上的真空吸料嘴在取料位置取元件,经转塔转动到贴片位置,一般与取料位置成 180°,在转动过程中经过对元件位置与方向的调整,将元件贴放于基板上。

一般转塔上安装有十几到二十几个贴片头,每个贴片头上安装 2～6 个真空吸嘴。由于转塔的特点将动作细微化,选换吸嘴送料器移动到位取元件、元件识别、角度调整、工作台移动(包含位置调整)、贴放元件等动作都可以在同一工作周期内完成,所以实现真正意义上的高速度。目前最快可达到 0.08～0.10 s 生产一片元件。

由于转塔型机器在速度方面很占优势,它主要应用于大规模的计算机板卡、移动电话、家电等产品的生产,这是因为在这些产品当中,阻容元件特别多、装配密度大,很适合采用这一机型进行生产。但其只能用带状包装的元件,如果是密脚、大型的集成电路(IC),只有托盘包装,则无法使用转塔型贴片机完成,还有赖于其他机型来共同合作。另外,转塔型贴片机设备结构复杂,造价昂贵,是动臂式的 3 倍以上。

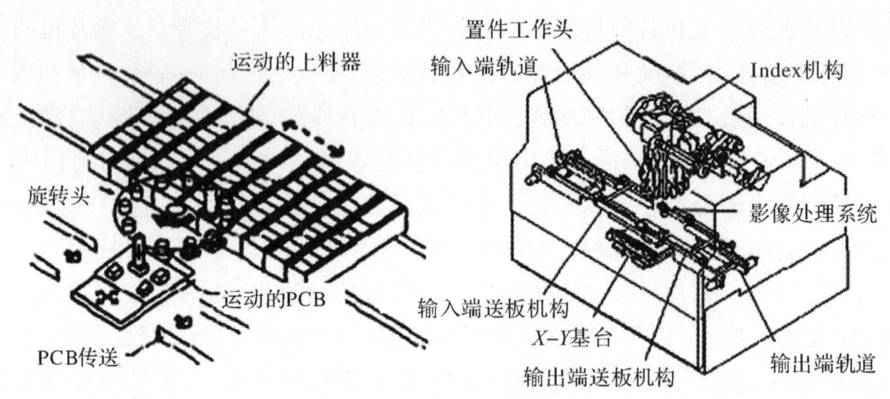

图 5.8　转塔型贴片机的结构

3)复合式贴片机。复合式机器是从动臂式机器发展而来,它集合了转塔式和动臂式的特点,在动臂上安装有转盘,像 Siemens 的 Siplace80S 系列贴片机,有两个带有 12 个吸嘴的转盘,如图 5.9 所示。Universal 公司也推出了采用这一结构的贴片机 Genesis,有两个带有 30 个吸嘴的旋转头,贴片速度达到 60 000 片/h。从严格意义上来说,复合式机器仍属于动臂式结构。由于复合式机器可通过增加动臂数量来提高速度,具有较大灵活性,因此它的发展前景被看好,例如 Siemens 的 HS60 机器就安装有 4 个旋转头,贴片速度可达时 60 000 片/h。

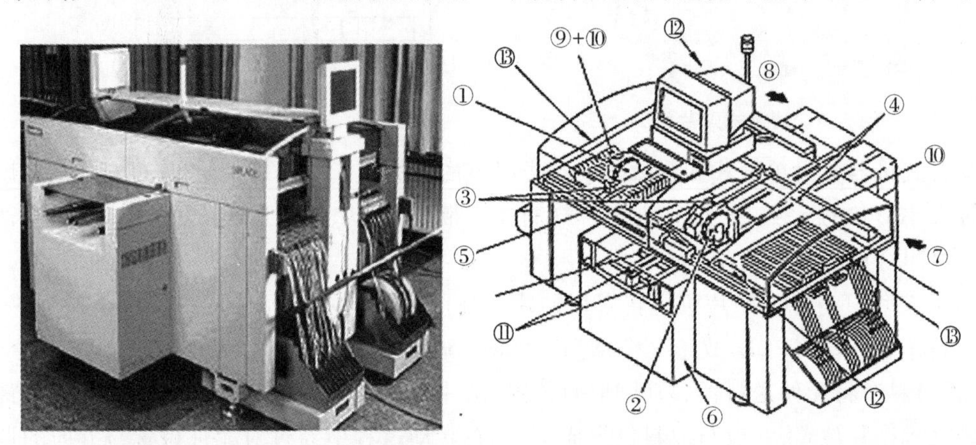

①—旋转贴片头,悬臂Ⅰ;②—旋转贴片头,悬臂Ⅱ;③—悬臂Ⅰ,Ⅱ,X 轴;④—悬转Ⅰ,Ⅱ,Y 轴;
⑤—安全罩及导轴;⑥—压缩空气控制单元;⑦—伺服单元;⑧—控制单元;⑨—Table (Feeder 安放台);
⑩—空料带切刀;⑪—PCB 板,传送轴道;⑫—弃料盒 ;⑬—条码;⑭—PCB 传输,夹紧控制单元

图 5.9　复合式贴片机结构

4)模组式(大规模平行系统)贴片机。模组式(大规模平行系统)贴片机使用一系列小的单独的贴装单元。每个单元有自己的丝杆位置系统、相机和贴装头。每个贴装头可吸取有限的带式送料器,贴装 PCB 的一部分,PCB 以固定的间隔时间在机器内步步推进。单独的各个单元机器运行速度较慢。可是,它们连续的或平行的运行会有很高的产量。如 Philips 公司的 FCM 机器有 16 个安装头,实现了 0.037 5 s/片的贴装速度。这种机型也主要适用于规模化生产,生产大规模平行系统式机器的厂商主要有 Philips,Fuji 公司等。

(4)回流焊炉。焊接质量的好坏是决定整个产品质量的最关键因素，而焊接质量取决于焊接材料和焊接设备及技术，焊接设备的温度精度、温度稳定性及均匀性是关键的指标。SMT采用软钎焊技术，主要有双波峰和回流焊，其特点见表 5.4。

表 5.4　SMT 焊接设备及技术

焊接方法		原理与特点	产量成本	温度特性			应用
				温度曲线	稳定性	温度精度	
回流焊	热板	利用热板传导加热； 不适合大型基板	中 低	好	好	±2℃	小型基板 元器件不多
	红外 (加热风)	利用红外线加热； 不同元件吸收热量不同易产生翘曲，元器件直立	中 低	一般 不均匀	中	±2℃ PCB 左右>2℃	小型基板 元器件均匀
	强制热风	高温空气在炉内循环加热，加热均匀，易控制； 强风可能使元件易位	高 高	缓慢	好	>2℃ PCB 左右>2℃	元器件较大
	气相	利用不活性溶剂的蒸气加热，温度易控制，维护费用高	中 高	改变难	好	±1℃ PCB 左右<6℃	品种不经常换
	微区热风	利用大热容量的结构，区分独立控制	高高	好	好	±1℃ PCB 左右<3℃	适用面广
	激光	利用激光加热 设备费	低 中	试验	一般	±1℃	集中小型加热
波峰焊		利用流动焊料焊接 适合Ⅱ型组装方式	高 高	一般	好	±1～±2℃	适合 THC 和 SMC 焊接
选择性波峰焊		移动 PCB 或者锡缸波峰移动	中	一般	中	±1～±2℃	适合特殊场合
穿孔回流焊		利用夹具漏印焊膏	低	好	好	±1℃	单品种大批量生产
无铅回流焊		焊接温度提高	高	一般	中	±2℃	
无铅波峰焊		焊接温度提高	高	一般	中	±2～±4℃	

温度控制是回流焊的关键技术。回流焊典型的温度曲线(Profile：指通过回焊炉时，PCB上某一焊点的温度随时间变化的曲线)分为预热区、回流区及冷却区，如图 5.10 所示。

预热区使 PCB 和元器件预热，可除去焊膏中的水分、溶剂，以防焊膏发生塌落和焊料飞溅。升温速率要控制在适当的范围内。升温过快会产生热冲击，如引起多层陶瓷电容器开裂，造成焊料飞溅，使在整个 PCB 的非焊接区域形成焊料球以及焊料不足的焊点。相反，升温过慢则助焊剂活性不作用。保温区使 PCB 上各元器件的温度趋于均匀，尽量减少温差，保证在达到回流温度之前焊料能完全干燥，到保温区结束时，焊盘、锡膏球及元器件引脚上的氧化物应被除去，整个电路板的温度达到均衡。时间约 60～120 s，根据焊料的性质有所差异。

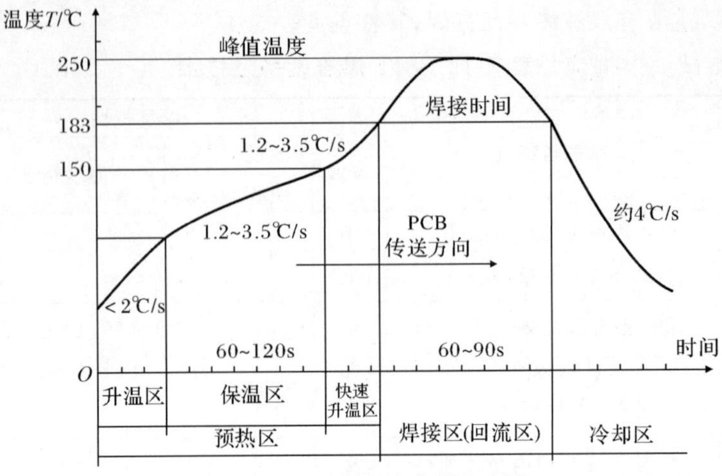

图 5.10　回流焊温度曲线示意图

回流区使焊膏中的焊料熔化，再次呈流动状态，替代液态焊剂润湿焊盘和元器件，这种润湿作用导致焊料进一步扩展。回流焊的温度要高于焊膏的熔点温度，一般要超过熔点温度 20℃才能保证回流焊的质量。

冷却区所产生的快速冷却有助于得到明亮的焊点，并且有饱满的外形和低的接触角度。缓慢冷却会导致焊盘的更多分解物进入锡中，产生灰暗毛糙的焊点，甚至引起沾锡不良和弱焊点结合力。

温度参数设定，影响温度曲线的形状，其中最关键的是传送带速度和每个区的温度设定。典型 PCB 回流焊区间温度设定见表 5.5。

表 5.5　典型 PCB 回流焊区间温度设定

区间	加热温区	区间温度设定/℃	区间末实际板温/℃
预热升温	温区 1	210	130
	温区 2	210	140
	温区 3	210	150
预热保温	温区 4	180	160
	温区 5	200	170
	温区 6	200	180
	温区 7	200	185
回流	温区 12	240	200
	温区 9	240	210
冷却	温区 10		100
带速	1.2 m/min		

(5)AOI 检测。电子组装测试包括两种基本类型，即裸板测试和加载测试。裸板测试在完成线路板生产后进行，主要检查短路、开路、线路的导通性。加载测试在组装工艺完成后进

行，比裸板测试复杂。加载测试包括在线测试 ICT（In-Circuit Tester）、自动光学检测 AOI（Automatic Optical Inspection）、自动 X 射线检测 AXI（Automatic X-ray Inspection）和功能测试 FCT（Functional Tester）及三者的组合。根据测试方式的不同，测试技术可分为非接触式测试和接触式测试。根据应用的不同，SMT 测试可分为结构工艺测试（Structural Process Test，SPT），电气测试（EPT-Electronical Test）和实验设备及仪器。

AOI 是基于光学原理来对 SMT 生产中遇到的常见缺陷进行检测的设备。AOI 技术具有 PCB 光板检测、焊膏印刷质量检测、组件检验、焊点检测等功能。PCB 光板检测、焊点检测大多采用相对独立的 AOI 检测设备，进行非实时性检测。焊膏印刷质量检测、组件检验一般采用与焊膏印刷机、贴片机相配套的 AOI 系统进行实时检测。例如，目前的高档焊膏印刷机一般均可通过配套的 AOI 系统，对焊膏的印刷厚度、印刷边缘塌陷状况等内容进行实时检测；中、高档贴片机一般都配有视觉系统，利用 AOI 技术对贴片头拾取的元器件进行型号、极性方位、对中状况、引脚共面性和残缺情况等内容进行自动检测识别和处理。

BGA、CSP 和 FC 芯片的焊点在器件的下面，用人眼和 AOI 系统都不能检验，因此 X 射线检测就成为判断这些器件焊接质量的主要方法。X 射线具备很强的穿透性，X 射线透视图可以显示焊点厚度，形状及品质的密度分布；能充分反映出焊点的焊接品质，包括开路、短路、孔、洞、内部气泡以及锡量不足，并能做到定量分析。X 射线测试机就是利用 X 射线的穿透性进行测试的。

在 SMT 的检验中常采用目测检查与光学设备检查两种方法。它们都可对产品 100％的检查，但若采用目测的方法，人总会疲劳，这样就无法保证员工 100％进行认真检查。因此，要建立一个平衡的检查（Inspection）与监测（Monitering）的策略，即建立质量过程控制点。为了保证 SMT 设备的正常进行，加强各工序的加工工件质量检查，从而监控其运行状态，在一些关键工序后设立质量控制点。质量控制点和检查内容常规方案见表 5.6。

表 5.6　质量控制点和检查内容章规方案

项　目	PCB 检测	丝印检测	贴片检测	回流焊接检测
检查内容	印制版有无变形； 焊盘有无氧化； 印制版表面有无划伤	印刷是否完全； 有无桥接； 厚度是否均匀； 有无塌边； 印刷有无偏差	元件的贴装位置情况； 有无掉片； 有无错件	元件的焊接情况，有无桥接、错位、焊料球、虚焊等不良焊接现象。 焊点的情况
检查方法	依据检测标准目测检验	依据检测标准目测检验或借助放大镜检验	据检测标准目测检验或借助放大镜检验	依据检测标准目测检验或借助放大镜检验

第6章 先进封装技术

随着电子产品和设备向着小型化、轻量化、多功能化、高性能化的方向发展，集成电路的封装领域中也涌现出了许多先进的技术，在封装外形上的表现是引脚微细化、多引脚化、小型化和薄型化等。芯片封装技术越来越先进，管角间距越来越小，管脚密度却越来越高，芯片封装对温度变化的耐受性越来越好，可靠性越来越高。另外一个重要的指标就是看芯片与封装面积的比例。从早期的DIP封装，当前主流的CSP封装，芯片与封装的面积比可达1∶1.14，已经十分接近1∶1的理想值。而更先进从MCM到SiP封装，从平面堆叠到垂直堆叠，芯片与封装的面积相同的情况下进一步提高性能。在这一章主要介绍一些比较先进的封装技术及其在生产领域的应用。

6.1 倒 装 片

倒装片(Flip Chip，FC)是直接通过芯片上呈阵列排布的凸起进行芯片与电路板的互连。由于芯片是倒扣在电路板上的，与通常封装芯片放置的方向相反，所以称为Flip Chip，如图6.1所示。传统的金线压焊技术只使用了芯片四周的区域，倒装芯片焊料凸点技术使用的是整个芯片的表面，因此倒装芯片技术的封装密度更高，可以把器件的尺寸做得更小。

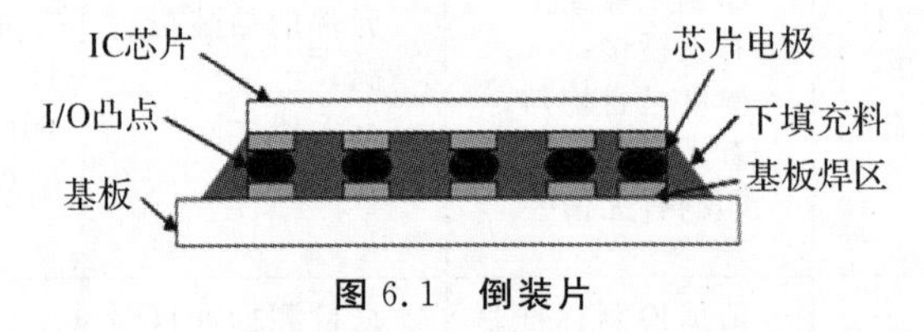

图6.1 倒装片

FC的基本结构都是由IC、UBM(凸点下金属化，Under Bump Metalization，UMB)和凸点组成的。UBM是芯片焊盘和凸点之间的金属过渡层，一般由黏着层、阻挡层和金属连接层组成。凸点是IC和电路板电连接的通道，是FC技术的关键所在，一般是在IC芯片I/O焊盘上形成导电凸点。

根据制作方法的不同，凸点大致可以分为三类：①焊料凸点，材料为含Pb焊料，由于组装工艺简单，应用最为广泛。②金凸点，材料可以是Au和Cu，通常采用电镀方法形成凸点，虽然制作工艺简单，但需要专门的定位设备和黏结材料。③聚合物凸点，材料为导电聚合物，设备和工艺相对简单，具有很好的应用前景。

下述介绍焊料凸点制作工艺。如图 6.2 所示，焊料凸点是 IC 和电路板之间的机械的、电气的，有时也是热的互连通道。倒装片器件的互连由 UBM 和焊料凸点组成，UBM 与晶片的钝化层重叠，以使 IC 内部基础电路不暴露在环境中，它是凸点的基础，作为焊料和 IC 键合盘金属之间的焊料扩散层，并提供氧化屏壁和焊料可润湿的表面。

圆片上通过电镀的方法形成焊凸点，如图 6.3 所示。圆片上的 UBM 是 Ti 和 Cu，它们被溅射在圆片的整个表面上，首先是 Ti，接着是 Cu，然后一层光刻胶覆盖在 Ti/Cu 上，使用焊凸点掩膜形成凸点图形，然后电镀一层 Cu 在整个 Ti/Cu 上，接下来电镀 Pb90Sn10 焊料。然后去除光刻胶，并用过氧化氢刻蚀去 Ti/Cu。最后把圆片放在 215℃下回流，在表面张力的作用下，形成球形焊凸点。

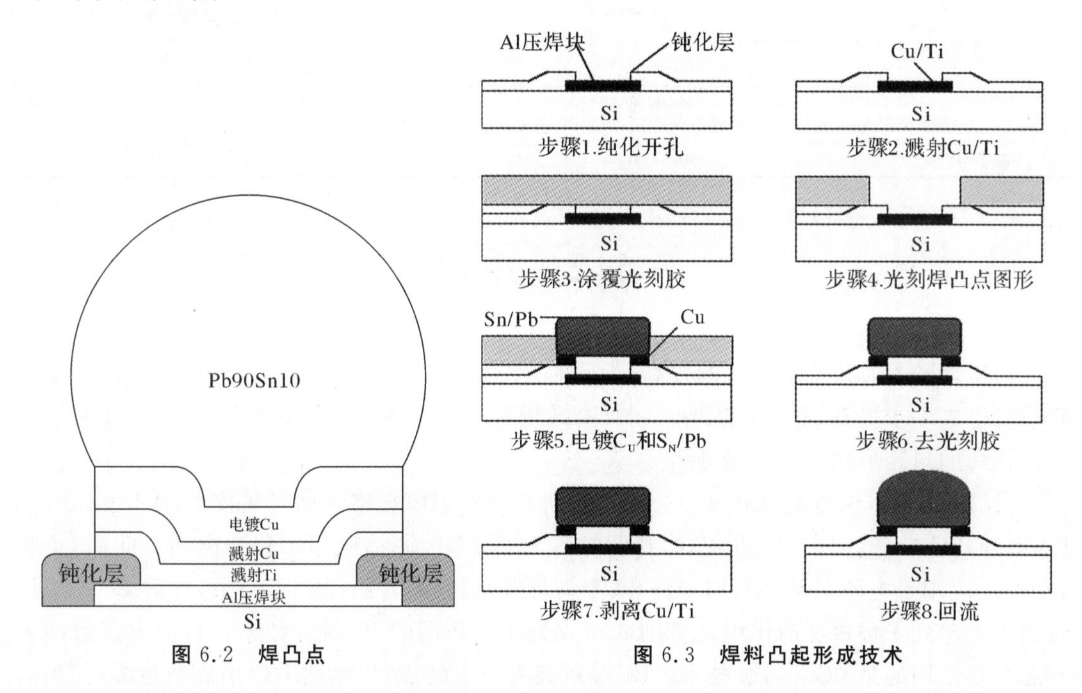

图 6.2　焊凸点

图 6.3　焊料凸起形成技术

焊膏倒装片工艺主要工序为施加焊膏、芯片贴装、回流焊接和下填充等，见表 6.1。施加焊膏的方法有浸渍、滴涂、模版印刷和喷涂等，模版印刷中最重要的是焊膏量的控制。芯片贴装一般采用多头高速元器件贴装系统和超高精度贴装系统，贴装设备拾取分好的晶片中的芯片，面朝下放好，贴到电路板上。影响贴装的关键参数包括元件的适当拾取、定位精度与可靠性、贴装的力度大小、停留时间和成品率等。倒装芯片贴装后要在最短时间内完成回流焊接，即可控塌陷连接技术（C4）。回流焊的工艺流程为印制焊膏（低温）→贴装 C4 芯片和其他 SMD→预烘焊膏→回流焊接→清洗→检测。

底部填充通常是回流焊后滴涂填充材料，也可以在贴片前在电路板相应位置滴涂，回流焊时固化，可以使芯片和填充材料结合在一起，应力均匀分散在倒装芯片的界面上，增加互连的完整性和可靠性。

表 6.1 焊膏倒装片工艺参数

工艺	关键参数	参考值
印刷焊膏	模板制作	电铸成型
	焊膏合金微粒尺寸分布(PSD)	15～20 μm
	刮刀速度	10～20 mm/s
	刮刀压力	1～8 kg/10 mm
贴片	拾装精度	凸点间距的 10%
	点胶头	有
	晶圆环	有
回流	预热斜率	<2.5℃/s
	预热温度	140～170℃保持 60～120 s
	回流温度	183～240℃保持 90～110 s
	冷却斜率	<3℃/s
底部填充	底部填充	再流焊后滴涂下填充材料

6.2 BGA

封装伴随着芯片集成度不断提高，为使芯片实现更复杂的功能，芯片所需的输入/输出管脚数量也进一步提升，面对日趋增长的管脚数量和日趋下降的芯片封装尺寸，微电子封装提出了一种新的封装形式——BGA 封装。

1987 年，日本西铁城(Citizen)公司开始研制球状引脚栅格阵列封装技术(Ball Grid Array Package，BGA)的芯片。1993 年，摩托罗拉首先将 BGA 芯片应用于移动电话。此后，英特尔将 BGA 应用于电脑 CPU 中(即奔腾Ⅱ、奔腾Ⅲ等)以及芯片组(如 i850)中，这对 BGA 应用领域的扩大起到了很重要的作用，使得 BGA 成为非常热门的 IC 封装技术。目前大多数的多引脚芯片都使用的是 BGA 封装技术。BGA 封装有以下特点：①虽然 I/O 引脚数量多，但引脚间距远大于 QFP 封装，提高了成品率；②组装时可以进行共面焊接，提高了可靠性；③虽然功耗增加了，但采用了可控塌陷芯片法进行焊接，改善了电热性能；④信号传输延迟小，提高了适应频率。

根据基板的类型，BGA 可以分为塑料球栅阵列(Plastic Ball Grid Array，PBGA)、陶瓷球栅阵列(Ceramic Ball Grid Array，CBGA)、陶瓷圆柱栅格阵列(Ceramic Column Grid Array，CCGA)和载带球栅阵列(Tape Ball Grid Array，TBGA)。PBGA 是最常用的 BGA 封装形式，它的优点是成本低、热匹配性好、很少产生机械损伤，缺点是对湿气敏感。CBGA 的优点是具有优异的热性能和电性能、高可靠性，缺点是热匹配性差、成本高。CCGA 的优点是焊料柱能承受热膨胀不匹配带来的应力，缺点是成本高、易受到机械损伤。TBGA 的优点是比大多数 BGA 要轻和小、电性能好，缺点是对湿气敏感、对热敏感。

BGA 芯片制造流程如图 6.4 所示，引线键合通常采用热压方法的金丝球焊机进行。

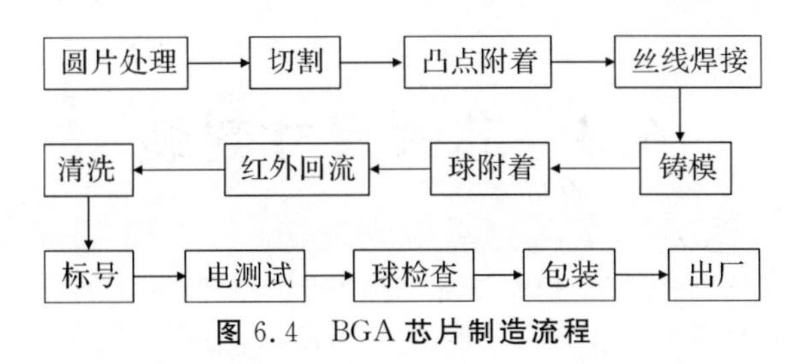

图 6.4　BGA 芯片制造流程

与 QFP 等传统封装形式相比，在封胶之前 BGA 的工艺流程与它们大致相同，两者的主要差异在于 BGA 用有机基板和锡球取代了引线框架，形成 PCB 上的支撑和焊点，增加了植球工序，它是 BGA 生产的核心工序。国际上，BGA 植球广泛采用回流法的自动化生产线，分为四个子工序，包括助焊剂涂覆、锡球贴放、固化和检测。

(1)助焊剂涂覆。助焊剂涂覆是把助焊剂加在基板焊盘上。它的作用是一方面增加了锡球的流动性，保证了固化工序的质量；另一方面增加了基板焊盘的黏附性，可以提高锡球贴放的成功率。流行的工艺方法包括丝网印刷法、针转移法、点滴法等。

(2)锡球贴放。锡球贴放是从锡球堆中拾取定量的锡球，然后准确放置在基板焊盘上，可以分为拾取、对准、放置三个动作。主要工艺方法包括重力法、直接真空法、间接真空法。重力法是利用重力来拾取和放置锡球，将锡球放到基板上设计好的位置。重力法的关键在于对准装置，一旦锡球与基板对准，就可以松开锡球，让锡球在重力的作用下滚动到基板上。它的优点是每一次植球的数量较多，不会出现锡球氧化的现象，也不需要复杂的图像检测系统。它的缺点是容易发生锡球堵塞，锡球变形，需要有复杂的图像对准系统，锡球刮板难以与锡球精确匹配。直接真空法用与锡球位置相对应的真空吸头拾取锡球，再放置在基板焊盘上。这个方法直接简单成本低，但容易造成锡球缺失和锡球粘连。间接真空法是先把锡球放在模板上，再用吸头拾取，可以减少锡球缺失和锡球粘连，成功率较高。

(3)固化。固化是将 BGA 基板上的锡球固化在基板焊盘上，主流工艺方法是回流焊加热法。

(4)检测。在 BGA 锡球贴装生产中，常见的缺陷包括锡球缺失、锡球错位、锡球形状缺陷、锡球氧化、锡球共面。检测采用的工艺方法包括二维和三维图像处理技术、激光测量技术。

BGA 组装工艺主要工序为印刷、焊膏、芯片贴装、焊膏再流和底部填充等，见表 6.2。

表 6.2　BGA 组装工艺参数表

项 目	引脚间距/mm	1.27	1	0.8	0.65	0.5	0.4
焊膏	锡粉形状	非球形			球形	球形	球形
	颗粒直径/μm	38～63			22～38		
印刷	模板的厚度/mm	1.27	1	0.8	0.65	0.5	0.4
	印刷压力/kg	5～10			3.5～6		
	印刷速度/(mm·s⁻¹)	10～15			15～25		
	脱离速度/(mm·s⁻¹)	1			0.5～0.8		
贴片	贴片精度	≤2 片/s					
回流	预热斜率/(℃·s⁻¹)	<2.5			<2		
	预热最高温度/℃	183			170		
	预热时间/s	90～110			60～120		
	冷却斜率/(℃·s⁻¹)	<3			<2		
	底部最高温度/℃	<220					

6.3 芯片尺寸封装

CSP是Chip Size Package(或Chip Scale Package)的缩写,美国称之为μBGA(微型球栅阵列)。CSP目前还没有标准定义,不同厂商有不同说法。JEDEC(美国国防部元器件供应中心)的标准规定:LSI封装产品面积小于或等于LSI芯片面积120%的封装产品,称为CSP。日本松下的标准是LSI封装产品的每边的宽度比芯片大0.1mm以内,称为CSP。总之,CSP是在BGA基础上发展起来的,非常接近LSI芯片尺寸的封装产品,不断将各种封装尺寸进一步小型化而产生的一种封装技术。CSP种类很多,几种典型结构CSP的互连情况比较见表6.3。图6.5所示为刚性基板CSP,图6.6所示为引线框架式CSP。

表6.3 几种典型结构CSP的互连情况比较表

CSP类型	公司名称	芯片级互连	介入物	芯片-介入物互连	介入物-下一级互连
引线框架式CSP	Fujitsu Hitachi Semicon TI Toshiba	丝焊键合	引线框架	丝焊键合	引线（芯片面向下）
刚性基板CSP	Matsushita	Au端头	陶瓷(2～4层)	钯银浆料并填充	焊台栅阵列复合料料
	IBM	焊料凸点	陶瓷(多层)	C4	球
	Motorola	焊料凸点	FR-4或BT(2)层	C4并填充Au-Cu	共晶焊料球
	Toshiba	金凸点	陶瓷(两层)	固相扩散并填充	LGA
柔性基板CSP	CE NEC	Ti/Cu-Cu	Cu/ Ni	液光钻空,镀Cu	共晶焊料球
	Nitto	Au凸点	Cu/ Ni	热声Au-Cu键合	共晶焊料球
	Denko	无丝焊	点Cu/ Ni带	Au凸点或载带	共晶焊料球
	Tessera		Ni/Au凸点	Al丝焊	共晶焊料球
微波模塑型CSP	Chip Scale	Ti/W/Au	硅柱	Au引线	引线(芯片面向下)
	Shell Case	无	Ni/Au/焊料 镀玻璃板	扩展的芯片焊台 镀金属Ni/Au/	Ni /Au/焊料 引线芯片面向下
PI介质层CSP	Mitsubishi	金属化Ti/W	PI/金属/焊料两层	用金属焊料分布	焊料球
	Sandia	和Cu	PI或Cu/Ni	用金属再分布	焊料球

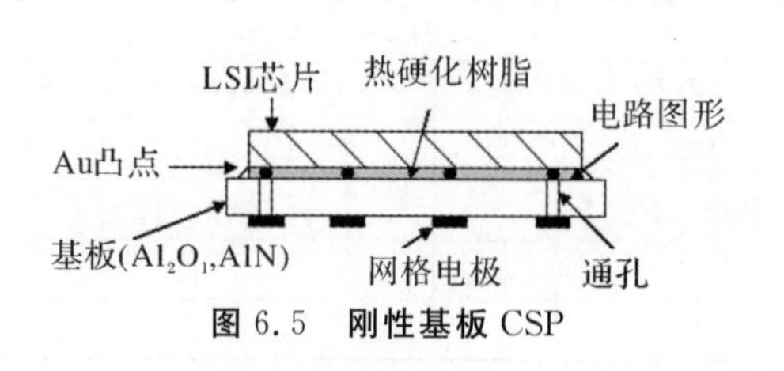

图6.5 刚性基板CSP

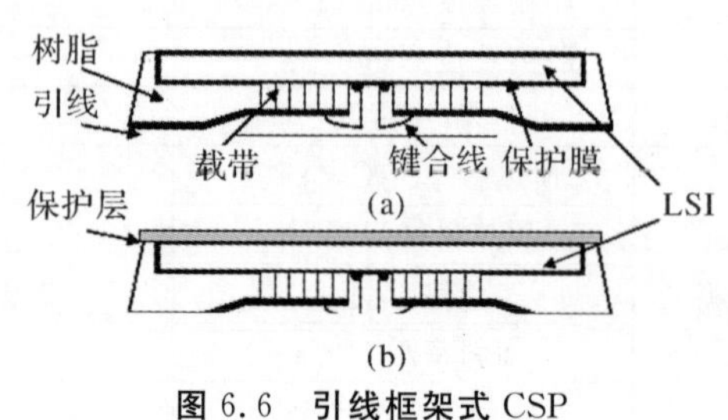

图6.6 引线框架式CSP

当封装尺寸固定时，若想进一步提升管脚数，则需缩小管脚间距。受制于现有工艺，不同封装形式存在工艺极限值。如BGA封装矩阵式值球最高可达1 000个，但CSP封装可支持超出2 000的管脚。可见CSP具有很小的封装尺寸，可满足高密度封装。在引脚数相同的条件下，CSP面积为0.5 mm间距QFP面积的1/10，BGA的1/3～1/10。它的电学性能优良，布线长度比QFP、BGA更小，寄生电容很小，信号传输延迟短。除此之外，CSP的散热性能优良，芯片背面散热效果好，并且容易测试、筛选、老化。CSP的主要特点如下：

(1)CSP的芯片面积与封装面积之比与1∶1的理想状况非常接近，绝对尺寸为32 mm^2，相当于BGA的1/3和TSOP的1/6，即CSP可将内存容量提高3～6倍之多。

(2)测试结果显示，CSP可使芯片88.4%的工作热量传导至PCB，热阻为35℃/W，而TSOP仅能传导总热量的71.3%，热阻为40℃/W。

(3)CSP所采用的中心球形引脚形式能有效地缩短信号的传导距离，信号衰减也随之减少，芯片的抗干扰、抗噪性能更强，存取时间比BGA减少15%～20%，完全能适应DDRⅡ、DRDRAM等超高频率内存芯片的实际需要。

(4)CSP可容易地制造出超过1 000根信号引脚数，即使最复杂的内存芯片都能封装，在引脚数相同的情况下，CSP的组装远比BGA容易。CSP还可进行全面老化、筛选、测试，且操作、修整方便，能获得真正的已知合格芯片(Known Good Die，KGD)。

CSP封装形式主要包含五种，分别为柔性基片CSP、硬质基片CSP、引线框架CSP、微小模塑型CSP以及晶圆级CSP。柔性基片CSP，顾名思义是采用柔性材料制成芯片载体基片，在塑料薄膜上制作金属线路，然后将芯片与之连接。柔性基片CSP产品，芯片焊盘与基片焊盘间的连接方式可以是倒装键合、TAB键合、引线键合等多种方式，不同连接方式封装工艺略有差异。硬质基片CSP的芯片封装载体基材为多层线路板制成，基板材质可为陶瓷或层压树脂板。引线框架CSP技术由日本的富士通公司首先研发成功，使用与传统封装相类似的引线框架来完成CSP封装。引线框架CSP技术使用的引线框架与传统封装引线框架的区别在于该技术使用的引线框架尺寸稍小，厚度稍薄。微小模塑型CSP是由日本三菱电机公司提出的一种CSP封装形式，它的芯片管脚通过金属导线与外部焊球连接，整个封装过程中不需使用额外引线框架，封装内芯片与焊球连接线很短，信号品质较好。晶圆级CSP由ChipScale公司开发，它的技术特点在于直接使用晶圆制程完成芯片封装，与其他各类CSP相比，晶圆级CSP所有工艺使用相同制程完成，工艺稳定。基于上述优点，晶圆级CSP封装有望成为未来的CSP封装的主流方式。

6.4　WLP封装

随着IC芯片特征尺寸的减小和集成规模的扩大，芯片上的I/O间距不断缩小，I/O数量不断增多。当I/O间距缩小到70 μm以下时，引线键合就不再适用。晶圆级封装(Wafer Level Package，WLP)通过薄膜再分布技术让I/O分布在芯片的整个表面，解决了I/O间距小数量多的难题。

WLP技术的基础是BGA，是一种改良的CSP技术，体现了BGA和CSP技术的优势。

WLP技术使用批量生产工艺进行制造,将封装尺寸缩小到IC芯片的尺寸,是尺寸最小的低成本封装,并且WLP封装的全过程都是在圆片生产厂内通过芯片的制造设备来完成的,将封装与芯片制造合为一体,改变了芯片制造与封装分离的局面。

WLP主要采用薄膜再分布技术和凸点制作技术。薄膜再分布技术的目的是将芯片周边的铅焊区转换为芯片表面上按阵列分布的凸点焊区,凸点制作技术是在凸点焊区上制作凸点,形成球栅阵列。

薄膜再分布技术的基本工艺步骤为:①在IC芯片上涂布金属布线层间介质材料;②沉积金属薄膜,用光刻制备金属导线和凸点焊区;③在凸点焊区沉积UBM(凸点与焊区的金属层);④在UBM上制作凸点。薄膜再分布技术的成本低,并且能满足批量生产便携式电子装置板级可靠性标准的要求,目前应用十分广泛。

凸点制作形成球栅阵列的方法一般为:①应用预制焊球;②丝网印刷;③电化学沉积(电镀)。焊球间距大于700 μm,一般用预制焊球;焊球间距在200 μm左右,一般用丝网印刷;电化学沉积可以在光刻能分辨的任何间距下沉积凸点,所以电化学沉积可以获得最小的凸点和最大的凸点密度。WLP技术对球栅阵列有严格的工艺要求,如焊球高度要有很好的一致性,焊球的合金成分要均匀,焊球材料成分要有好的均匀性,焊球要有好的回流焊一致性等。

总体来说,WLP技术有两种类型:"扇入式"(Fan-in)和"扇出式"(Fan-out)晶圆级封装。传统扇入WLP在晶圆未切割时就已经形成。在裸片上,最终的封装器件的二维平面尺寸与芯片本身尺寸相同。器件完全封装后可以实现器件的单一化分离(Singulation)。因此,扇入式WLP是一种独特的封装形式,并具有真正裸片尺寸的显著特点。具有扇入设计的WLP通常用于低输入/输出(I/O)数量(一般小于400)和较小裸片尺寸的工艺当中。随着封装技术的发展,逐渐出现了扇出式WLP。扇出WLP初始用于将独立的裸片重新组装或重新配置到晶圆工艺中,并以此为基础,通过批量处理、构建和金属化结构,如传统的扇入式WLP后端处理,以形成最终封装。扇出式WLP可根据工艺过程分为芯片先上(Die First)和芯片后上(Die Last)。芯片先上工艺,简单地说就是先把芯片放上,再做布线(RDL),芯片后上就是先做布线,测试合格的单元再把芯片放上去,芯片后上工艺的优点就是可以提高合格芯片的利用率以提高成品率,但工艺相对复杂。eWLB就是典型的芯片先上的Fan-out工艺,长电科技星科金朋的Fan-out,安靠(Amkor)的葡萄牙工厂均采用芯片先上的工艺。TSMC的INFO也是芯片先上的Fan-out产品。安靠和ASE也都有自己成熟的芯片后上的Fan-out工艺。扇入和扇出封装剖面对比如图6.7所示。扇入和扇出封装截面对比如图6.8所示。

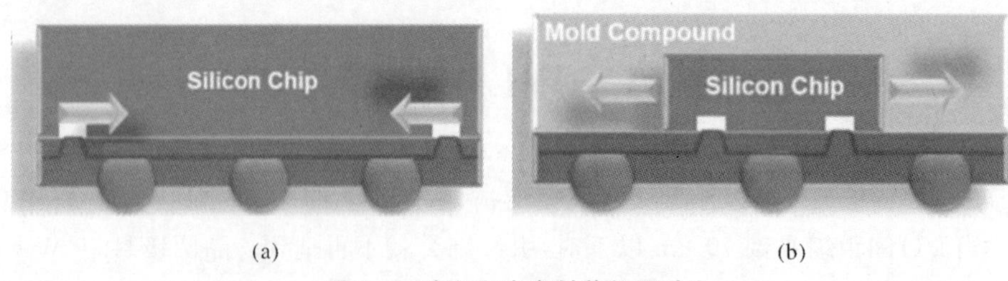

(a) (b)

图6.7 扇入和扇出封装剖面对比

(a)扇入型封装;(b)扇出型封装

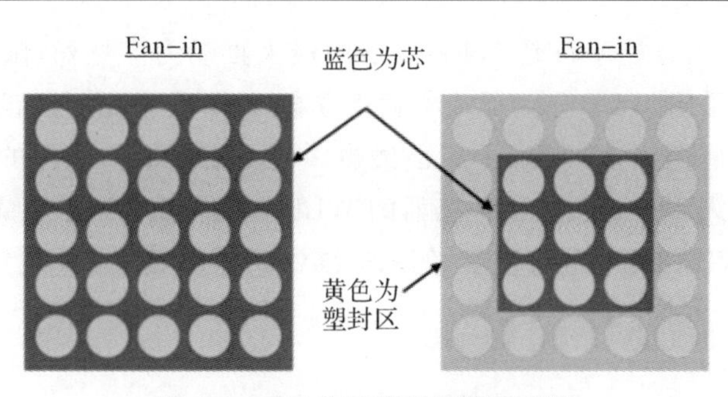

图 6.8　扇入和扇出封装截面对比

(a)扇入型封装;(b)扇出型封装

硅基扇出型晶圆级封装(embedded Silicon Fan-Out, eSiFO)是当前非常热门的一种先进封装。硅基扇出型封装使用硅基板作为载体,在硅基板上刻蚀出凹槽,将芯片正面向上放置并固定在凹槽内,芯片表面和硅圆片表面构成了一个扇出面,在这个面上进行多层再布线,然后制作引出端焊球,最后切割、分离、封装,具体流程如图 6.9 所示。相对于树脂扇出型封装,硅基扇出型封装具有成本低、翘曲小、布线密度高、散热良好和制程简单等优点,更容易实现大芯片系统集成。eSiFO 技术相对于传统封装,整体封装尺寸大幅度缩减,芯片间互连更短,性能更强。除此之外,eSiFO 技术还实现了多种封装技术的集成,如 eSiFO+QFN 封装和 eSiFO+LGA 封装。

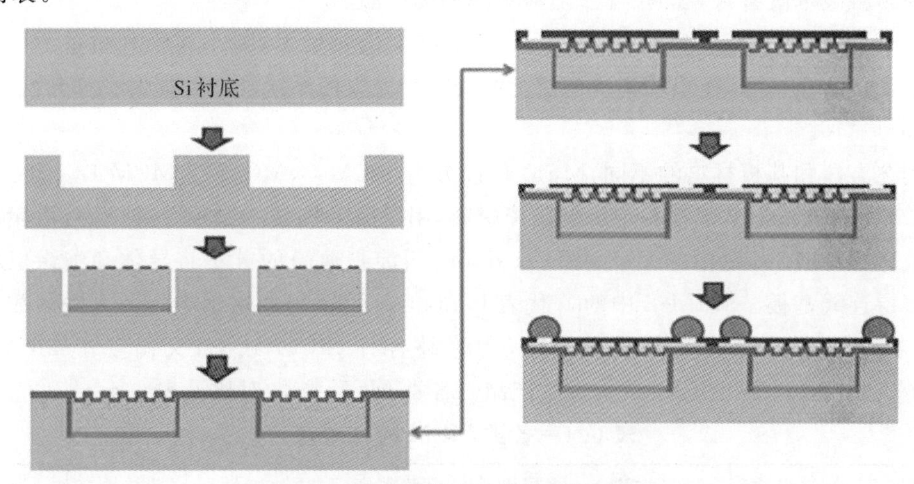

图 6.9　硅基扇出型封装工艺流程

WLP 封装技术具有显著的优点。WLP 是在整个晶圆上进行封装的,可对一个或几个晶圆同时加工,所以它的封装效率高。WLP 封装外形小,厚度薄,质量轻,外引线短,具有 FCP 和 CSP 两者的优点。另外,WLP 从 I/O 焊盘到封装引出端的距离短,寄生参数小,并且 WLP 的引出端焊盘都在芯片下方,电、热性能好。当然,WLP 封装也有它的局限性。首先,WLP 外引出端不能扩展到管芯外形之外,只能分布在管芯有源面一侧的面内,导致外引出端不会很多。其次 WLP 具体结构形式、封装工艺、支撑设备都有待优化,标准化也较差。另外,WLP 可靠性数据积累有限,限制了其扩大使用,如何进一步降低 WLP 成本还在研究中。

在电子设备的发展历史中,WLP 封装技术的推广产生了很多全新的产品。例如得益于 WLP 的使用,摩托罗拉能够推出其 RAZR 手机,该手机也是其推出时最薄的手机。iPhone4

采用了超过 50 颗 WLP,智能手机是 WLP 发展的最大推动力。然而,随着金线价格的上涨,一些公司也正在考虑采用 WLP 作为低成本替代方案,而不是采用引线键合封装,尤其是针对更高引脚数的器件。最近几年中,WLP 也已经被广泛用于图像传感器的应用中。目前,硅通孔(TSV)技术已被纳入用于封装图像传感器的 WLP 解决方案。其他更新的封装技术也在逐渐发展,并与现有的 WLP 技术进行整合,例如三维(3D)集成技术。

6.5 MCM 封装

多芯片组件(Multi-Chip Module,MCM)是在混合集成电路(HIC)的基础上发展起来的一种高技术电子产品,它是将多个 LSI,VLSI 芯片高密度组装在多层互连基板上,然后封装在同一外壳内,形成了高密度、高可靠性的专用电子产品。多芯片封装技术从某种程度上而言可以减少由芯片功能过于复杂带来的研发压力。由于多芯片方案可以使用完全独立的成熟芯片搭建系统,无论从成本角度还是从技术角度考虑,单芯片方案的研发难度远大于多芯片方案。现阶段产品发展的趋势为小型化便携式产品,产品外部尺寸的缩小将压缩芯片可用布线空间,这就迫使封装技术改善封装的尺寸来适应更小型的产品。

MCM 可有效增加组装密度、缩短互连长度、减少信号延迟、减小体积和重量。可将不同工艺的芯片组合在一起,在单片集成电路上实现较为完整的系统功能。同时提高系统的性能、保密性和可靠性。

按工艺方法和基板材料的不同,MCM 可以分为 MCM-C,MCM-D,MCM-L 三类。MCM-C 中的 C 代表 Ceramics,基板是绝缘层陶瓷材料,用厚膜印刷技术制成导体电路,再用共烧的方法制成基板。MCM-D 中的 D 代表 Deposition,用淀积薄膜的方法将导体和绝缘层材料交替叠成多层连线基板。MCM-L 中的 L 代表 Laminate,用印制电路板叠合的方法制成多层互连基板。近几年随着 MCM 技术的发展,为弥补各种 MCM 缺陷,又出现了 MCM-D/L,MCM-D/C,MCM-D/Si,MCM-Si 等分支产品。各类 MCM 特性对比见表 6.4。

表 6.4 各类 MCM 特性对比

品 种	制造成本	布线线宽	多层性	电路密度	电气特性	散热性	可靠性
MCM-L	◎	△	◎	△	△	×	△
MCM-C	○	○	◎	○	○	◎	◎
MCM-D	×	◎	△	◎	◎	△	○
MCM-Si	×	◎	×	○	○	△	○
MCM-D/C	△	◎	△	◎	◎	○	○

注:◎:优异;○较好;△一般;×较差。

MCM 的结构主要包括 IC 裸芯片、芯片互连、多层基板以及封装等,其内部结构如图 6.10 所示(以 MCM-C/D 为例)。IC 裸芯片是整个 MCM 的信号源,也是功率源,它通过凸点连接到多层基板上。封装起到了防止污染和机械应力的作用,并提供了良好的散热功能。

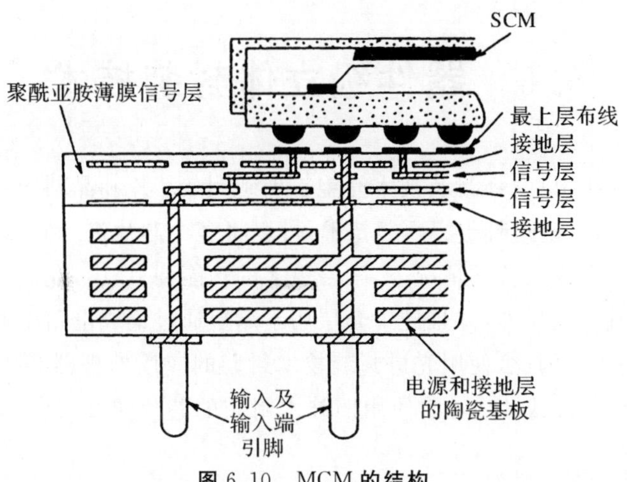

图 6.10　MCM 的结构

MCM 设计制造技术比较复杂，包括 IC 裸芯片与凸点制造、芯片互连、多层基板制造和封装等，如图 6.11 所示。

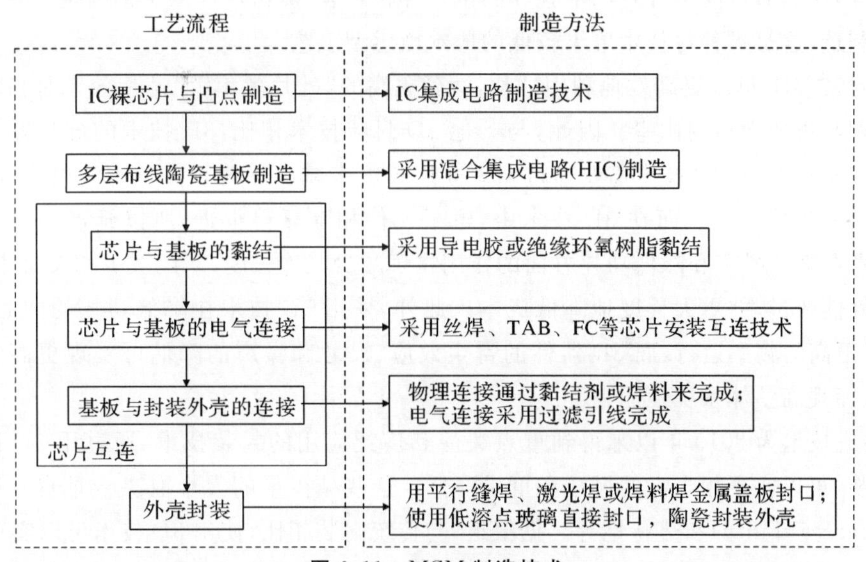

图 6.11　MCM 制造技术

MCM 芯片互连组装技术是指通过一定的连接方式，将元件、器件组装到 MCM 基板上，再将组装元器件的基板安装在金属或陶瓷封装中，组成一个具有多种功能的 MCM 组件。MCM 芯片互连组装技术包括芯片与基板的黏结、芯片与基板的电气连接、基板与外壳的物理连接和电气连接。芯片与基板的黏结一般采用导电胶或绝缘环氧树脂黏结完成，含 Ag 导电环氧树脂广泛用于将晶体管、IC、电容器粘连到基板上，它的热导率比绝缘型环氧树要高，有利于把芯片上的热散发出去；MCM 芯片与基板的电气连接主要有丝焊、TAB 和倒装焊 3 种方式，在此基础上又发展出了微型凸点焊、C4 等更先进的技术；基板与封装外壳的物理连接有黏合剂连接、焊接和机械固定 3 种，其中最常用的是前两种；基板与封装外壳的电气连接是通过丝焊过渡引线，把封装外壳上的外引脚与基板上的互连焊区连接起来。

6.6 器件级立体封装技术

新兴的2D,2.5D和3D立体封装技术有望扩展到倒装芯片和晶圆级封装工艺中。通过使用硅中介层(Interposers)和硅通孔(TSV)技术,可以将多个芯片进行垂直堆叠。TSV堆叠技术实现了在不增加IC平面尺寸的情况下,融合更多的功能到IC中,允许将更大量的功能封装到IC中而不必增加其平面尺寸,并且硅中介层用于缩短通过集成电路中的一些关键电通路来实现更快的输入和输出。因此,使用先进封装技术封装的应用处理器和内存芯片将比使用旧技术封装的芯片小约30%或40%,比使用旧技术封装的芯片快2~3倍,并且可以节省高达40%或者更多的功率。

2D、2.5D和3D技术的复杂性以及生产这些芯片的IC制造商(Fab)和外包封装/测试厂商的经济性意味着IDM和代工厂仍需要处理前端工作,而外包封装/测试厂商仍然最适合处理后端过程,比如通过露出、凸点、堆叠和测试。外包封装/测试厂商的工艺与生产主要依赖于内插件的制造,这是一种对技术要求较低的成本敏感型工艺。

三维封装(3D)可以更高效地利用硅片,达到更高的"硅片效率"。硅片效率是指堆叠中的总基板面积与占地面积的比率。因此,与其他2D封装技术相比,3D技术的硅片效率超过了100%,但在延迟方面,2D技术需要通过缩短互连长度来减少互连相关的寄生电容和电感,从而来减少信号传播延迟。而在3D技术中,电子元件相互靠得很近,所以延迟会更少。类似地,3D技术在降低噪声和降低功耗方面的作用在于减少互连长度,从而减少相关寄生效应,从而转化为性能改进,并更大程度地降低成本。此外,采用3D技术在降低功耗的同时,可以使3D器件以更高的频率运行,而3D器件的寄生效应、尺寸和噪声的降低可实现更高的每秒转换速率,从而提高整体系统性能。

3D集成技术为2010年以来得到重点关注和广泛应用的封装技术,通过用3D设备取代单芯片封装,可以实现相当大的尺寸和重量降低。这些减少量的大小取决于垂直互连密度和可获取性(accessibility)和热特性等。据报道,与传统封装相比,使用3D技术可以实现40~50倍的尺寸和重量减少。举例来说,德州仪器(TI)的3D裸片封装与离散和平面封装(MCM)之间的体积和重量相比,可以减少5~6倍的体积,并且在分立封装技术上可以减少10~20倍。此外,与MCM技术相比,重量减少2~13倍,与分立元件相比,重量减少3~19倍。此外,封装技术中的一个主要问题是芯片占用面积,即芯片占用的印刷电路板(PCB)的面积。在采用MCM的情况下,芯片占用面积减少20%~90%,这主要是因为裸片的使用。

三维立体组装就是把IC芯片(MCM片、WSI晶圆规模集成片)一片片叠合起来,利用芯片的侧面边缘或者平面分布,在垂直方向进行互连,将平面组装向垂直方向发展,成为立体组装。器件级三维立体组装的类型和结构如图6.12所示。

有源基板型是Si圆片规模集成(WSI)后作为基板,在上面放置多层布线,最上层贴装SMC/SMD,实现立体封装。

埋置型是在各类基板内或多层布线中埋置SMC/SMD,顶层再贴装SMC/SMD来实现立体封装。

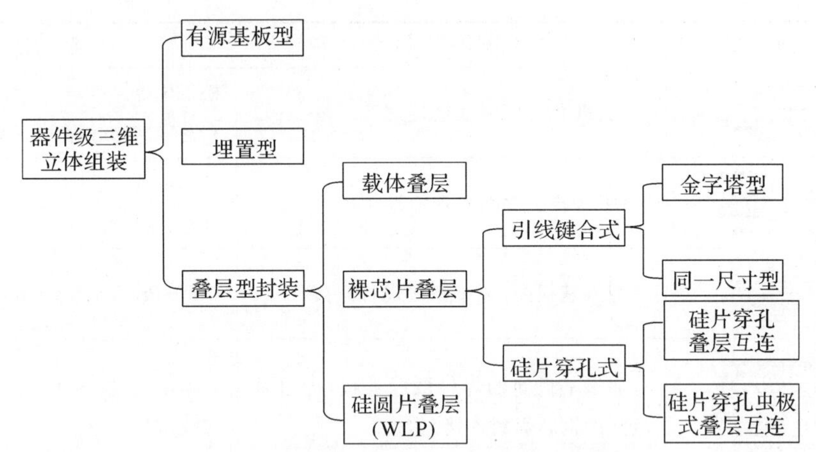

图 6.12　器件级三维立体组装的类型和结构

叠层式封装是在二维平面电子封装的基础上，将每一层封装(如 MCM)的上下互连起来，把平面封装的每一层叠装互连，或直接将两个 LSI、VLSI 面对面“对接”起来完成立体封装。目前通常是用引线键合的方式实现叠层封装的互连。叠层式三维封装主要分为载体叠层、裸芯片叠层、硅圆片规模的叠层(WLP)三种形式。叠层芯片封装结构如图 6.13 所示。

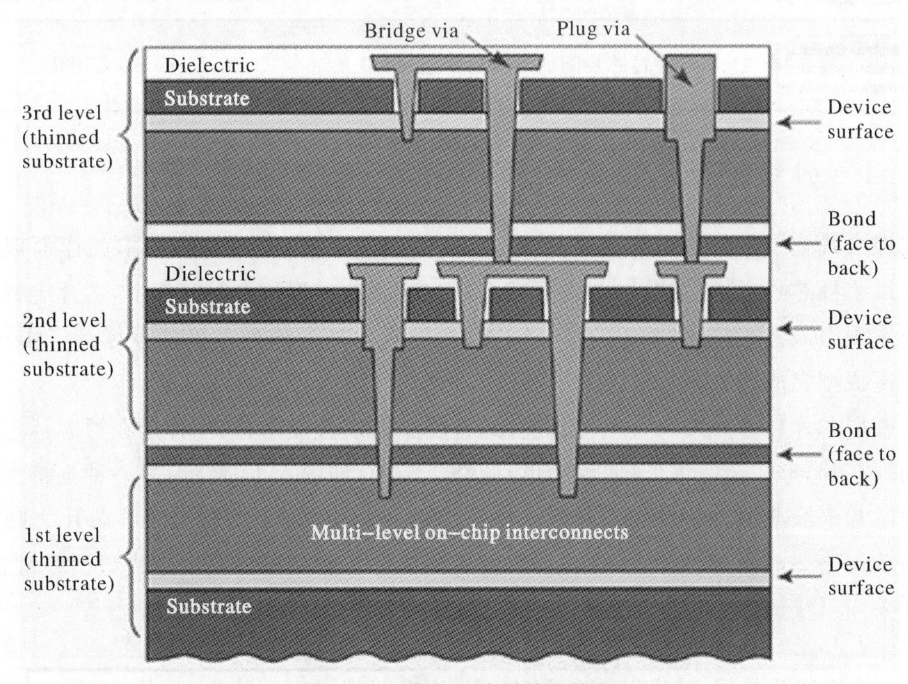

图 6.13　叠层芯片封装结构图

载体叠层技术是先把硅片固定连接在过渡载体上，通过载体上的引线端子进行叠层，实现三维立体的连接。载体材料通常是树脂、陶瓷和硅。1990 年初，载体叠层的三维封装达成实用化，通常是将两个存储器芯片叠层构成存储卡。载体叠层通常是利用标准封装体的端子排布，将重叠在一起的相同端子焊接在一起，实现电气连接，主要的方案见表 6.5。

表 6.5　叠层载体连接的各种方案

三维封装构成方式	层间连接方式	备　注
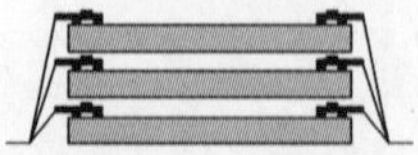	由 TCP 的外引线连接	松下电器 东芝:130 μm 厚
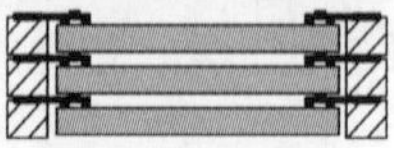	由 TCP 引线间的框体连接	日本电气:实用化 日立:实用化
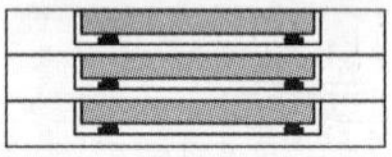	埋入基板内,通过基板进行连接	Dense-Pac Microsystem Harnes-Corp
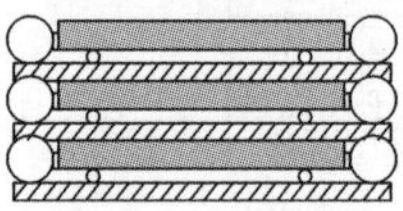	通过基板间的焊料微球连接(通过基板间的铜芯焊料连接)	日本电气:实用化 100μm 厚
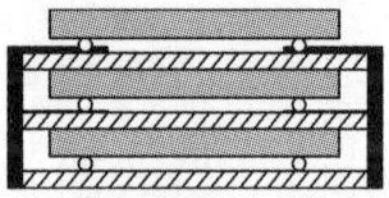	通过基板间的导电材料连接	RCA:实用化
	通过芯片的侧面布线进行连接	Irvine Sensore IBM
	通过芯片间的导电材料连接	Cubic Memory:实用化

6.6.1　引线键合式叠层封装

引线键合式叠层封装采用引线连接(WB)及传递模注、研磨减薄等技术制作而成。将两个或两个以上裸芯片通过黏结,以电极面朝上的方式叠放在聚酰亚胺基板上,芯片电极分别与底部基板实现引线连接,通过基板的再布线,由基板底面球栅阵列布置的微球端子引出,最后由树脂模注成型完成封装。

根据叠层芯片尺寸一致与否,引线键合式叠层又可以分成两种:一种是在裸芯片上放置尺寸更小的裸芯片,形成金字塔形(或台阶形)的叠层结构,如图 6.14 所示;另一种是将大量相同尺寸的裸芯片绝缘叠层,如图 6.15 所示。在第二种结构中,通常需要在两层芯片之间放置一层 Spacer Die 来垫高两层芯片之间的距离,使底部的芯片有足够的高度来进行引线键合。

通常采用引线键合式叠层封装的大多为存储芯片,如 SRAM、快闪存储器等。

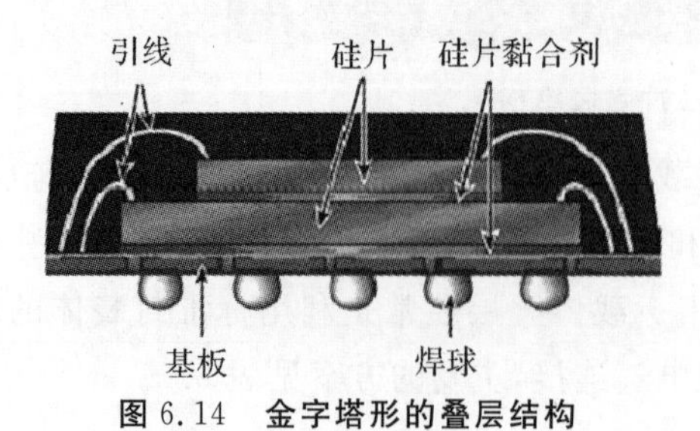

图 6.14　金字塔形的叠层结构

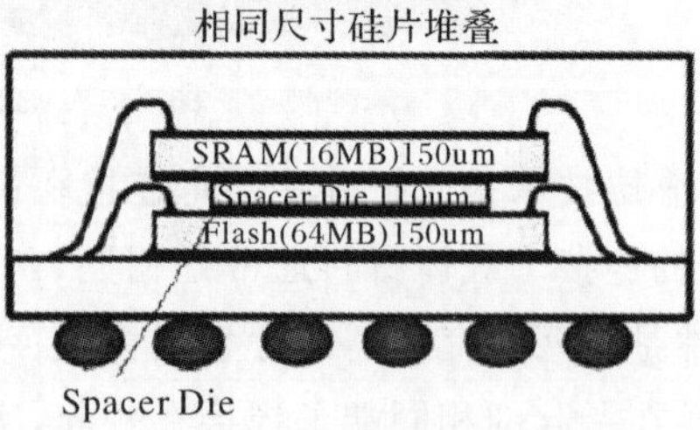

图 6.15　同一尺寸的裸芯片的叠层结构

6.6.2　TSOP叠层封装

薄型小尺寸封装(Thin Small Outline Package,TSOP)封装外形小,寄生参数小,适用于高频环境,同时具有技术简单、成品率高、造价低廉等优点,因此应用十分广泛。

可以根据封装名称来识别TSOP叠层封装中有多少个芯片,比如TSOP2+1就是指封装内有两个活性芯片、一个空白芯片。TSOP2+1中上、下两层是起作用的活性层,中间的空白芯片是为了给底层芯片留出焊接空间。空白芯片由硅片制成,里面没有电路。TSOP3+0就是指封装内有三个活性芯片,没有空白芯片。TSOP封装结构,如图6.16所示。

图6.16　TSOP封装结构

TSOP叠层封装有两种方法。方法一是用液态环氧树脂作为芯片黏合剂,工艺流程如图6.17所示,方法二是用环氧树脂薄膜作为芯片黏合剂,工艺流程如图6.18所示。对比两种工艺,方法二少了两次烘烤,生产周期更短,而且减少烘烤次数也能提高成品率和可靠性。

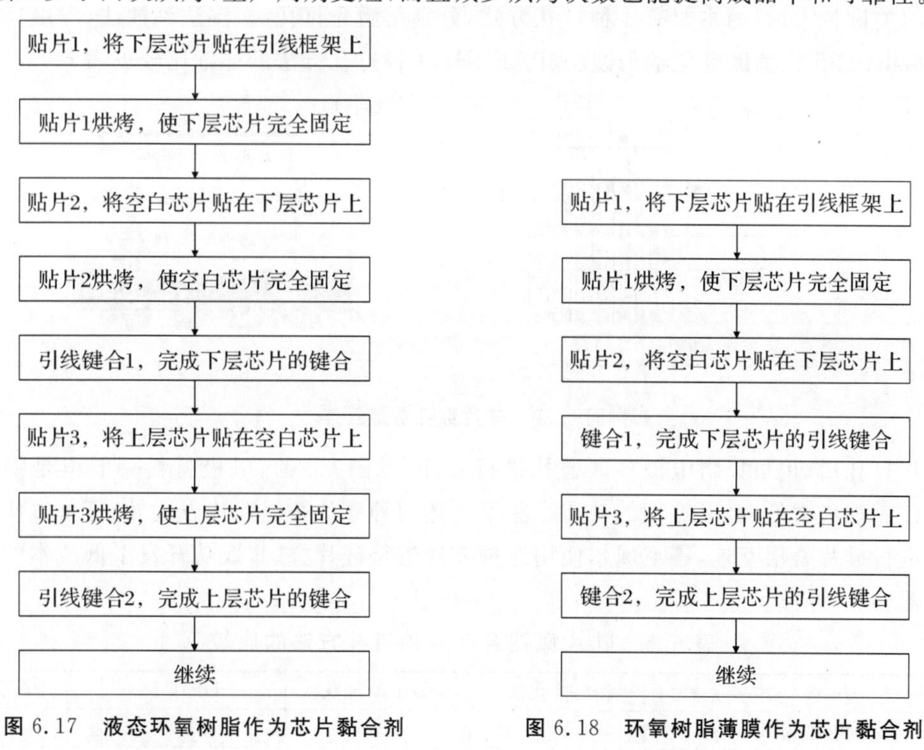

图6.17　液态环氧树脂作为芯片黏合剂工艺流程

图6.18　环氧树脂薄膜作为芯片黏合剂工艺流程

6.6.3　硅片穿孔式(Through Silicon Via,TSV)叠层封装

硅片穿孔式是指在硅片穿孔后的通孔中填充金属,使其成为导电通孔,通过孔内的金属以及金属焊点(通常是Cu)进行垂直方向的互连。这种叠层封装通常用于微机电系统(MEMS)和多层半导体器件的电信号传输。导电通孔的孔径一般在微米量级,通过通孔传输电信号,可

以减小基片单面布线的复杂程度，提供良好的电气性能，提高阵列器件的排列密度。TSV 技术如图 6.19 所示。

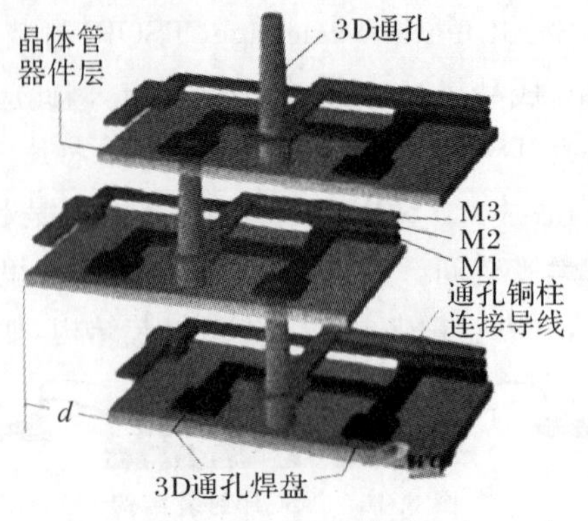

图 6.19 TSV 技术

利用硅片穿孔叠层封装，可以将不同功能的硅片叠装在同一块硅基板上，在外部制作适合表面贴装的 BGA 焊球，最终形成微系统，如图 6.20 所示。其中，实现硅片通孔是硅片穿孔叠层封装的关键技术，目前主要有 4 种打孔方式，分别是激光打孔法、湿法刻蚀法、深度反应离子刻蚀法(DRIE)和光辅助电化学刻蚀法(PAECE)，4 种打孔方法的详细比较见表 6.6。

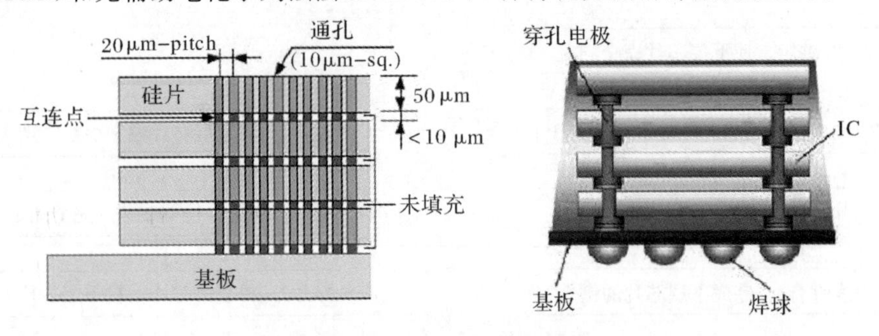

图 6.20 硅片穿孔叠层互连

硅片打孔后，也可以将电极穿入通孔进行互连(见图 6.20)，电极材料一般也是铜。这种方式可以实现成本低、高可靠性的互连。除了上述两种硅片叠层互连方式外，还可以使用弹性连接器进行硅片叠层互连，霍尼威尔使用这种方法进行硅片叠层，成功开发了低成本的商用压力传感器。

表 6.6 硅片穿孔互连 4 种打孔方法的比较

方 法	激光打孔法	湿法刻蚀法	DRIE	PAECE
最小孔径/μm	12	—	20	4.4
深宽比	26	—	20	109
孔壁形状	垂直于硅片表面	垂直于硅片表面	垂直于硅片表面面成 57.4°角	垂直于硅片表面
与标准半导体工艺兼容性	不兼容	兼容	兼容	不兼容
局限性	无局限	有晶向要求	无局限	N 型(100)硅片
加工成本	高	低	高	低
加工方式	串行	并行	并行	并行

TSV 封装是将多层平面器件堆叠，通过穿透硅通孔在 Z 方向连接起来。SV 的工艺流程如图 6.21 所示。前道互连（FEOL）型 TSV 在 IC 布线工艺开始前制作；后道互连（BEOL）型 TSV 在金属布线过程中实现。

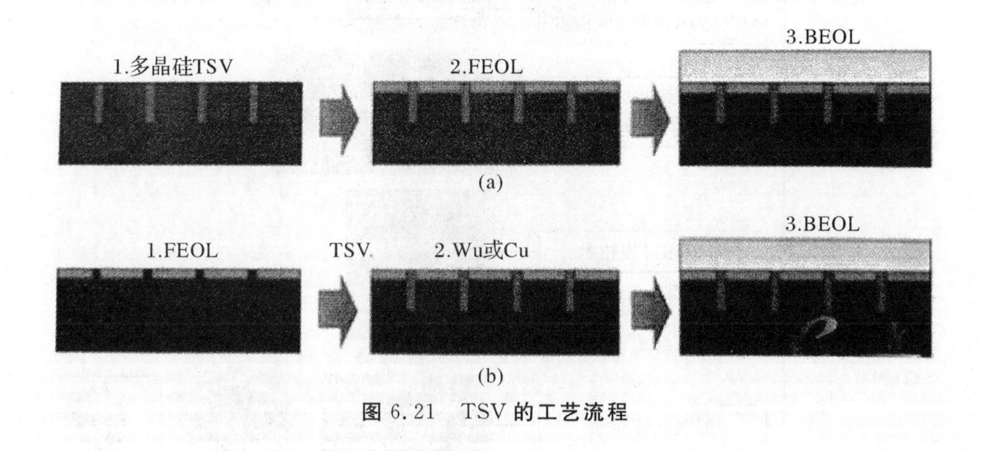

图 6.21　TSV 的工艺流程

6.7　系统级立体封装技术

自从 20 世纪 60 年代以来，集成电路的封装形式经历了从双列直插、四周扁平封装、焊球阵列封装和圆片级封装、芯片尺寸封装等阶段。而小型化、轻量化、高性能、多功能、高可靠性和低成本的电子产品的总体发展趋势使得单一芯片上的晶体管数目不再是面临的主要挑战，而是要发展更先进的封装及时来满足产品轻、薄、短、小以及与系统整合的需求，这也使得在独立的系统（芯片或者模块）内充分实现芯片的功能成为需要克服的障碍。这样的背景使系统级封装逐渐成为近年来集成电路研发机构和半导体厂商的重点研究对象。系统级立体封装作为一种全新的集成方法和封装技术，具有一系列独特的技术优势，满足了当今电子产品更轻、更小和更薄的发展需求，在微电子领域具有广阔的应用市场和发展前景。

系统级立体封装技术是目前最前沿的组装技术。它将一个或多个 IC 芯片及被动元件整合在一个封装中，综合了现有的芯核资源和半导体生产工艺的优势。系统级封装是为整机系统小型化的需要，提高半导体功能和密度而发展起来的。系统级封装使用成熟的组装和互连技术，把各种集成电路如 CMOS 电路、GaAs 电路、SiGe 电路或者光电子器件、MEMS 器件以及各类无源元件如电阻、电容、电感等集成到一个封装体内。

系统级立体封装包括系统级芯片 SOC（System On Chip）、系统级封装 SIP（System In Package）、晶粒软膜构装 COF（Chip On Film），MEMS 封装技术、板级立体组装等。系统级封装类型和结构如图 6.22 所示。

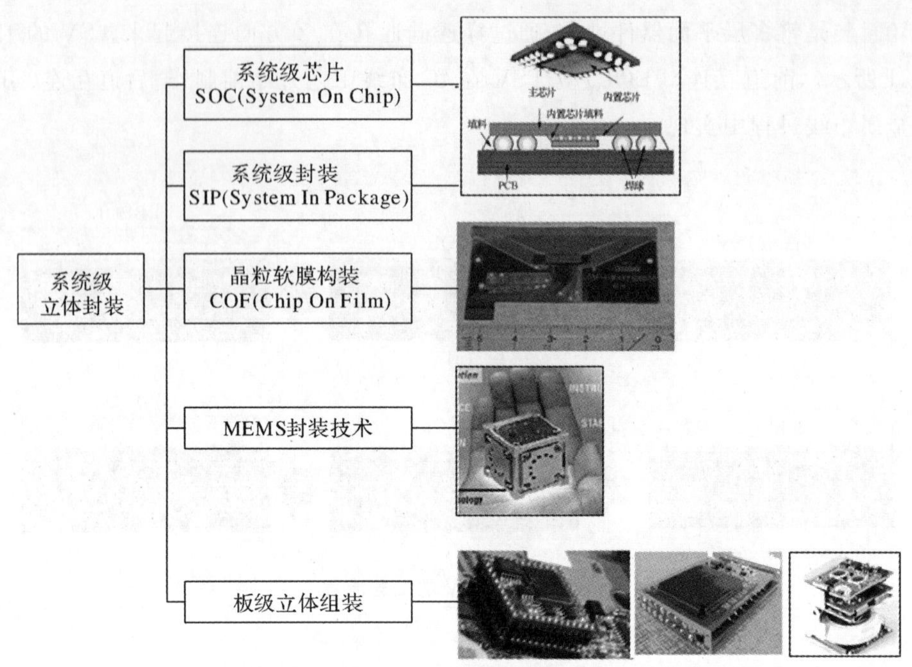

图 6.22 **系统级封装类型和结构**

6.7.1 系统级芯片 SOC(System On chip)

系统级芯片 SOC 能够将各种功能集成到单一的芯片上,如图 6.23 所示。这些集成了 ASIC 器件的系统可以满足网络服务器、电信转换站、多频率通信和高端计算机的应用需要。如果一个大规模集成电路具有高时钟频率和接近一百万个门,就需要采用电性能和热性能都很良好的封装。

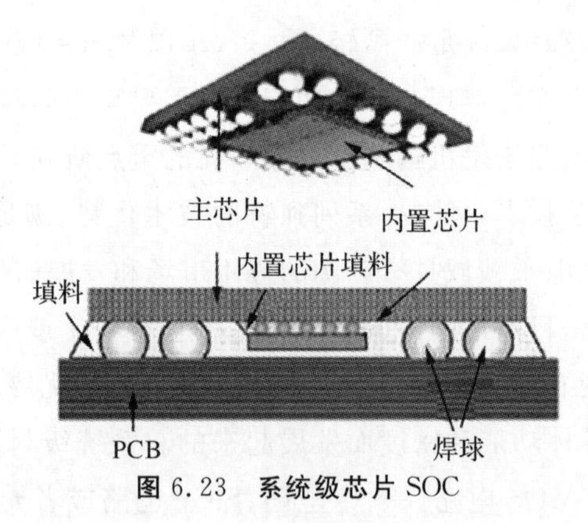

图 6.23 **系统级芯片** SOC

系统级芯片可在单一的芯片上实现整机系统的功能。通常是将 MPU、DSP、图像处理、存储和逻辑推理器集成在一个 10 mm×10 mm 或者更大的晶圆上面。通常具有多达 200～700 个焊球的倒装芯片 BGA 器件,还有昂贵的多层基片。值得注意的是 SiGe, GaAs 和 CMOS 的工艺技术是互不兼容的,因此不能用在系统级芯片之中。系统级 SOC 芯片市场目标是高性能的系统,生命周期很长,市场范围很大。

6.7.2　系统级封装 SIP(System In Package)

在组件上装配系统可以通过物理堆叠两个或者更多的芯片来实现,或者说在同一个基片上面一个接一个地堆叠结合,如图6.24所示。系统级封装的应用领域包括DSP+ SRAM+闪存,ASIC+存储器,图像处理+存储器等。

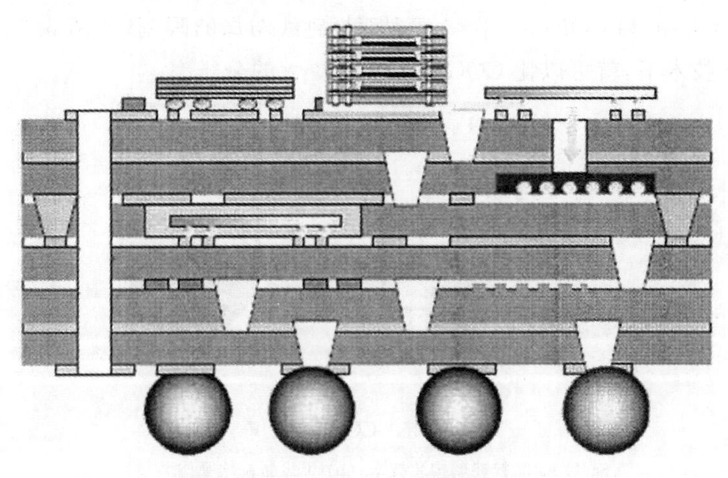

图6.24　系统级封装 SIP

最常见的组件是标准的CSP和BGA器件。在无线通信市场上,产品的生命周期通常小于一年,如果采用系统级芯片的解决方案就显得时间太短了,采用相对低成本的系统级封装就比较合适。

系统级封装在一个模块内构成完整的系统,形成一个功能性器件,执行诸如电路板集成过程中标准元器件的功能。系统级封装运用不同的方式进行系统组装,比如晶片堆叠技术,或者将许多晶片整合到同一基板上,还可以把晶片嵌入基板中,这些方案使得系统级封装具有独特的优势。除此之外,系统级封装还能够将CMOS、GaAs或者SiGe这些互不兼容的技术整合在同一个单元内,实现高性能。系统级封装市场目标是无线通信、PDA装置和消费类产品,市场范围相对较小,产品的生命周期较短。

系统级封装能够非常灵活地综合各种芯片尺寸,能够将引线键合和倒装芯片等组件互连技术整合在一起,来达到最佳的性能。系统级封装可以将较大的芯片放置在底部,然后按顺序将较小的芯片堆叠在底部芯片的顶部。

通常情况下,堆叠的芯片比如DSP器件或者ASIC器件,能够在超过1 GHz的高频环境下进行工作。系统级封装可以选择采用成本较高的倒装芯片键合技术来达到高性能芯片的要求,也可以使用成本相对较低的引线键合技术来达到工作频率较低的芯片的要求。

在许多应用中,对系统级封装的性能和大小有一定的要求,在同一单元内不仅要集成芯片,还要在数字模块中集成电阻、电容和电感等无源器件。RF模块需要在吉赫兹级的高频范围内工作,这就需要采用特殊的高性能基片和倒装芯片互连技术。与此同时,数字模块可以采用常规的CSP基片和引线键合技术。

6.7.3 晶粒软膜构装(Chip On Film)

晶粒软膜构装技术(Chip On Film,COF)是将芯片直接安装在柔性 PCB 上。这种互连方式的集成度比较高,外围元件可以与 IC 一起安装在柔性 PCB 上。

目前 LED 模块的构装技术,能够做到尺寸较小、厚度较薄的,应该只有晶粒玻璃构装技术 COG (Chip On Glass)和 COF 了。但考虑到面板跑线布局的限制,如图 6.25 所示,同样大小的面板,在 COF 技术下,就可以比 COG 技术实现更大的分辨率。

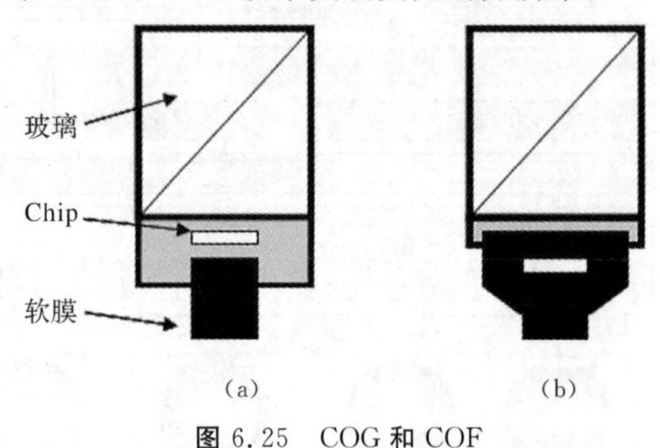

图 6.25 COG 和 COF

(a)COG 晶粒玻璃构装技术;(b)COF 晶粒软膜构装技术

6.7.4 MEMS 封装技术

MEMS 是微电子技术的延伸与拓宽,它不但能够进行信号处理,还能够对外部世界进行感知和执行功能,如图 6.26 所示。

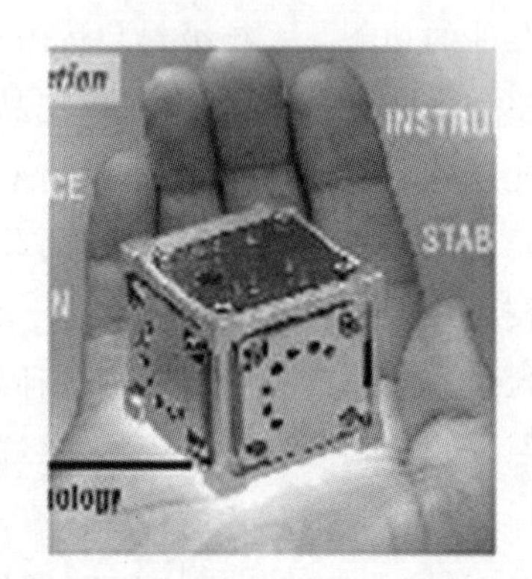

图 6.26 MEMS

传统 IC 封装的目的是给芯片提供物理支撑,保护芯片不受外界环境的干扰与破坏,同时实现芯片与外界的信号和电气互连,而 MEMS 系统不仅要感知外部世界,同时还要根据感知到的结果作出与外部世界相关联的动作反应。

从机械加工角度来看,MEMS 加工工艺分为硅基加工和非硅基加工,是从 IC 芯片电路工艺的基础上发展起来的,集成电路工艺的重点在薄膜图形制作与掺杂,而 MEMS 制作工艺重点在硅体制作和分离。MEMS 微机械加工工艺主要包括体加工工艺、硅表面微机械加工技术、结合加工、逐次加工，如图 6.27 所示。

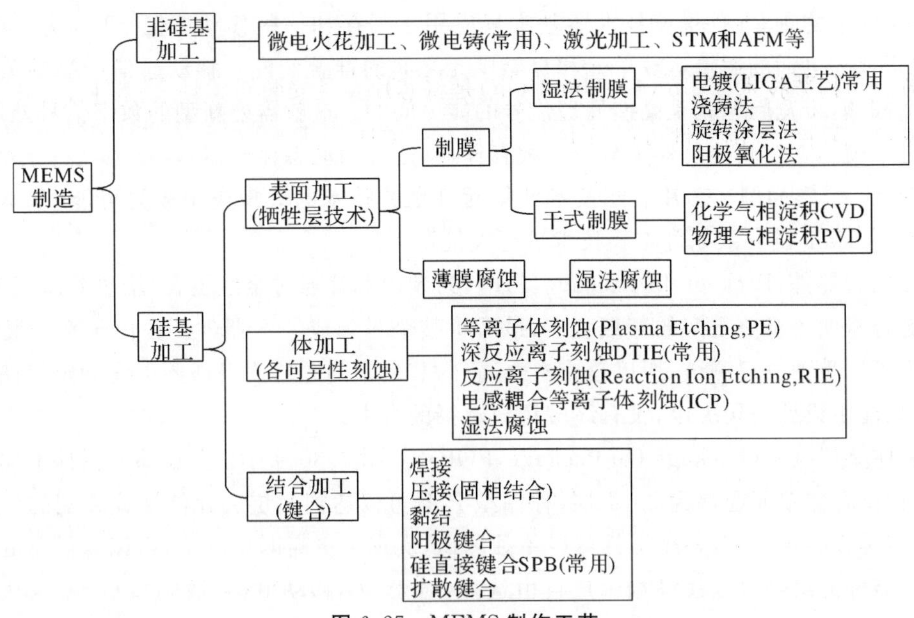

图 6.27　MEMS 制作工艺

6.7.5　板级立体组装

板级立体组装是在 PCB 模块平面组装的基础上，在多块 PCB 模块之间，采用垂直互连、凸点连接、侧向连接等互连技术，实现三维空间垂直方向的组装。例如高铁三维测试系统就是在 PCB 模块平面组装的基础上，在多块 PCB 模块之间，进行三维空间垂直方向的组装，既实现了电气联通，又实现了机械连接，如图 6.28 和图 6.29 所示。

图 6.28　板级立体组装

图 6.29　辅以挠性印制电路的垂直互连

6.8　PoP 叠层封装

当前半导体封装发展的趋势是越来越多地向高频模块、多芯片模块(MCM)、系统集成(SIP)封装、堆叠封装(PIP，POP)这些方向发展，传统的装配等级越来越模糊，出现了半导体装配与传统电路板装配间的集成。元件堆叠技术就是在已经成熟的倒装芯片装配技术上发展起来的。

在2003年之前,元件堆叠技术还基本只应用于闪存和一些移动记忆卡中,从2004年开始,出现了移动电话的逻辑运算单元和存储单元之间的堆叠装配。移动通信产品的关键是要解决带宽问题,带宽问题就是高速处理信号的能力问题。这就需要新型的数字信号处理器,解决方案之一就是在逻辑控制器上放置一枚存储器(通常为动态存储器),不仅实现了小型化,还加强了功能。成熟的倒装芯片装配技术使得元件堆叠技术的大量应用成为可能,基本上可以使用现有的SMT链导入元件堆叠技术进行大批量生产。

器件内置器件(Package In Package,PIP),封装内芯片通过金线键合,堆叠到基板上,再通过金线键合将两个堆叠之间的基板互连,最后将整个封装成一个器件。但由于在封装之前单个芯片不可以单独进行测试,所以总成本会高(封装良率问题),而且需要事先确定存储器的结构,器件只能由设计公司决定,没有终端用户选择的自由。

封装体叠层技术(Package On Package,POP),如图6.30所示。在底部元器件上面放置元器件,逻辑+存储单元通常为2~4层,存储型PoP可以达到8层。元件堆叠装配的外形会稍微高些,但是在装配之前,各个器件可以单独测试,实现了更高的良品率,可以降低总的堆叠装配成本。器件的组合可以让终端用户自由选择,对于3G移动电话、数码相机等,PoP是优选装配方案。总而言之,PoP的出现更加模糊了封装与组装之间的界线,在大大提高逻辑运算功能和存储空间的同时,也为终端用户提供了自由选择器件组合的可能,同时还能控制生产成本。

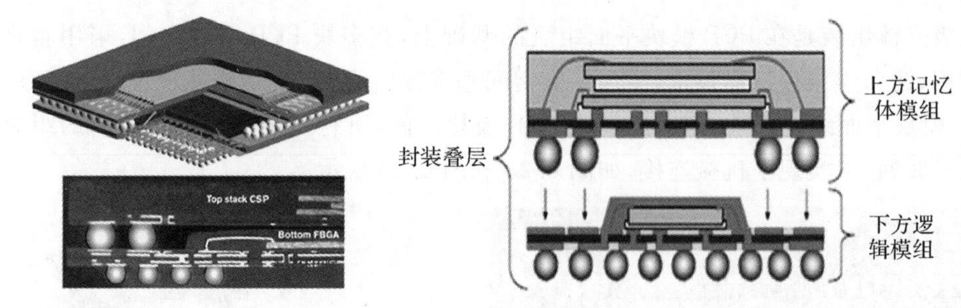

图6.30　PoP封装结构

电路板装配层次的PoP底部是PSvfBGA (Package Stackable very thin fine pitch BGA),顶部是Stacked CSP(FBGA,fine pitch BGA),两层结构比较见表6.7。

表6.7　PoP底部和顶部比较表

项　目	底部PSvfBGA结构	顶部SCSP结构
外形尺寸/mm	10～15	4～21
中间焊盘间距/mm	0.65mm	—
焊球间距/mm	0.5(0.4)	0.4～0.8
基板	FR5	Polyimide
焊球材料	63Sn37Pb/Pb-free	63Sn37Pb/Pb-free
球径/mm		0.25～0.46

典型的PoP SMT工艺流程如图6.31所示。顶层CSP元件在堆叠封装中需要使用特殊

的工艺来装配，锡膏印刷已经不可能了，除非采用特殊的印刷钢网，这样不仅需要多余的设备和成本，工艺也变得更加复杂。因此堆叠封装中采用将顶层元件浸蘸助焊剂或锡膏后，用低压力放置在底部 CSP 上。

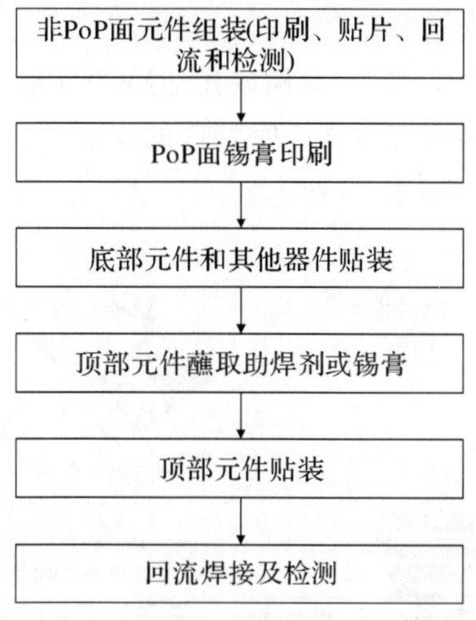

图 6.31　典型 PoP 的 SMT 工艺流程

PoP 封装的重点是控制元器件之间的空间关系，如果元器件之间没有合适的间隙，就会有应力的存在，会影响到封装的可靠性和装配良率。尺寸控制包括底部器件的模塑高度(0.27～0.35 mm)；顶部器件回流前，焊球的高度与间距 d_1；回流前，顶部器件底面和底部器件顶面的间隙 f_1；顶部器件回流后，焊球的高度与间距 d_2；回流后，顶部器件底面和底部器件顶面的间隙 f_2。影响这些尺寸的因素主要包括焊盘的设计、焊球尺寸、焊球高度的差异、贴装的精度、回流的环境和温度、蘸取助焊剂或锡膏的量、元器件和基板的翘曲变形和底部器件的模塑厚度，如图 6.32 所示。

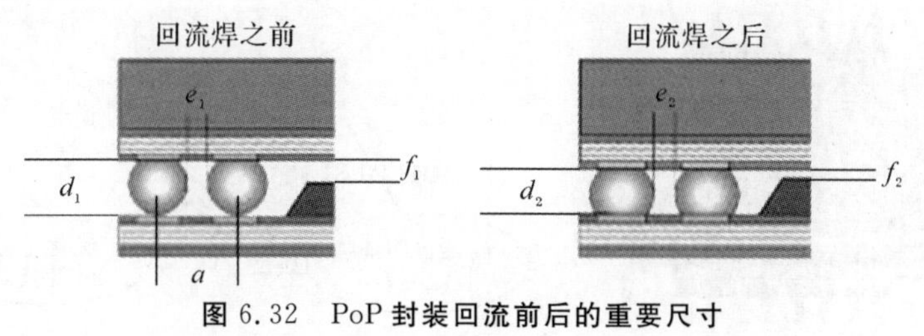

图 6.32　PoP 封装回流前后的重要尺寸

6.9　光电路组装技术

随着社会信息化和数字化的程度越来越高，使用互联网的人数也越来越多，截至 2021 年 1 月，全球手机用户数量为 52.2 亿，互联网用户数量为 46.6 亿。为了顺利地将浩如烟海的信息传送到世界各地，就必须提升通信设备和计算机的数据处理能力。目前 CPU 等 LSI 的性能确实在提升，然而随着信号高速化，会产生越来越多的串音与电磁辐射，特别是电路布线使得信号传输的带域受到限制等问题，使得目前电路组装中的电路布线成为系统性能提高的瓶颈。

光纤维的信息传输容量相对于传统铜线的信息传输容量提升了数万倍,光电路组装技术就是将以光纤维为中心的光电子技术应用在电子电路组装技术上。光电路组装技术,特别是光 SMT 已经实现了突破性的发展,开始进入实用阶段。光电子组装技术主要包括光电子板级封装、光电子组件和模块。

光电子板级封装就是将光电元器件(及构成光通路的互连)与电子封装集成起来,形成一个新的板级封装。这个板级封装可以看作一个特殊的多芯片模块,包含光电路基板、光电子器件、光波导、光纤、光连接器等,如图 6.33 所示。

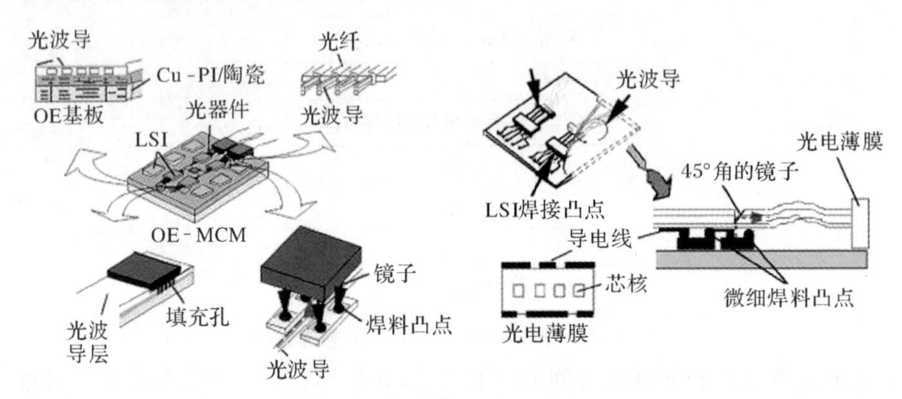

图 6.33 **光电子板级封装**

光电子组件和模块是通过光电子封装技术制成的光电电路组件或模块,这些组件或模块将传输电信号的铜线和传输光信号的光路制作在同一基板上,并在基板上采用 SMT 工艺进行电子器件和光电元器件的组装,是一种可以将光电表面组装元器件完全兼容的混合载体,如图 6.34 所示。

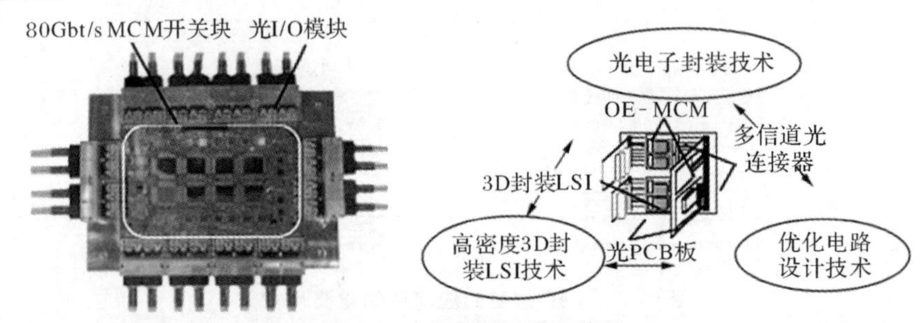

图 6.34 **光电子组件和模块**

光电路的组装由 6 个阶层构成,如图 6.35 所示。

(1)芯片级。随着 LSI 向着超高速和超高密度的方向发展,芯片内部的连接出现危机。LSI 上的内部连接导线越细,金属布线的电阻就会增大,布线容量的增加会导致 RC 时间常数增大,信号延迟也会显著增大。目前正在研究使用光布线技术,采用 1 mm 的布线长,在 LSI 芯片内引入激光和光二极管,来解决 LSI 面临的内部连接危机。

(2)器件级。目前正在研究将光学元器件和电子元器件组装在同一个基板上,比如将 PLC(石英系平面光波回路)作为基板,将半导体激光和光电二极管等进行直接组装的混合光集成技术,受到了日本和欧美一些研究机构的高度重视。应用于器件级的半导体激光,需要引入新的技巧,比如使激光光斑尺寸大小变换的机构,光的空间结合不用透镜,直接与光纤和光路相结合。在器件级的光布线长度达到几厘米的等级。

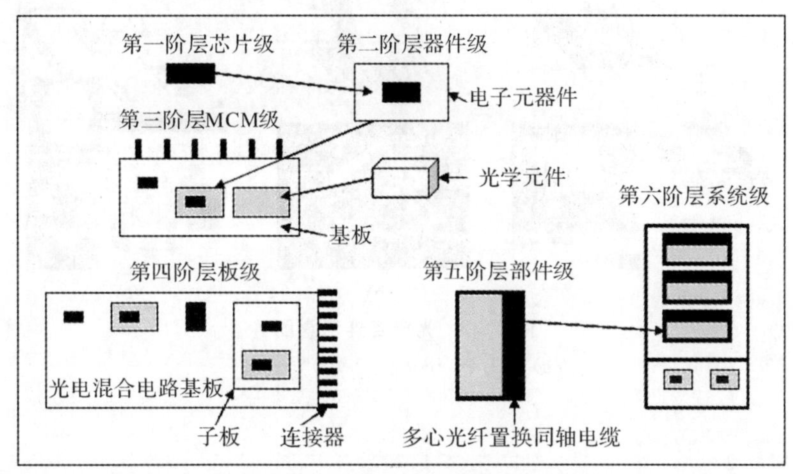

图6.35 光电路组装的阶层构成

(3)MCM级。就是在以铜PCB为基础的基板上,采用氧化聚酰亚氨光路积层一体化的光、电混合电路板,把半导体激光、光二极管和许多LSI进行多芯片模块组装,用光路互连,构成光电混合型MCM。在MCM级的光布线长度达到10～20 cm的等级。

(4)板级。随着光存取、光交换和光信息处理等技术的发展,在光电混合电路基板上组装的光器件或模块的数量也越来越多,并且连接器件或模块的多余的光纤全都埋置在基板里面。在这个技术上还有许多问题等待解决,比如,在涂布黏结剂的基板上用聚合物光纤布线和固定的技术。光表面组装技术属于这一阶层。

(5)部件级。在部件级中,信号布线正在成为系统性能提高的瓶颈。随着连接数目的增多,内部电缆的布置十分困难,电缆放射出的电磁噪声会影响到系统性能,所以光互连引起了研究人员的注意。目前正在研究采用多心光纤替换电缆,通过轻量、小径实现高速、高密度布线。在部件级中,光纤布线长度可以达到几米。

(6)系统级。在系统级中,研究的重点是光源,欧美正在使用全波长面发光激光,日本通常采用端面激光,其中一些产品已达到商用的水准。

把传送电信号的铜导体和传送光信号的光路制作在同一块基板上形成的电路板叫作光点(OE)印制电路板,在这种基板上进行的电子器件和光电子表面组装器件的混合装配,叫光SMT,如图6.36所示。

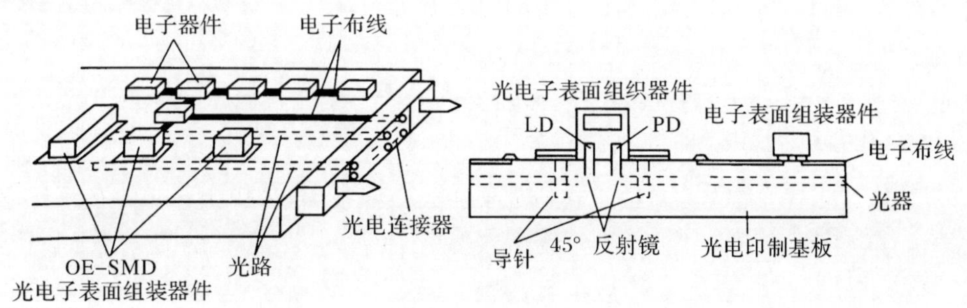

图6.36 光SMT

另外一种技术为光电互连装配。光电互联由光纤作为光路进行连接,光镜反射光信号再进行光电转换,基板与光纤的组合等3种基本方式。光电互联示意图,如图6.37所示。

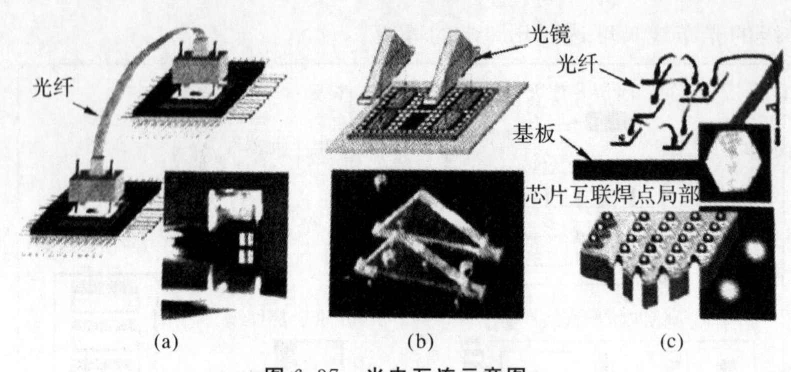

图 6.37　光电互连示意图

(a)方式 1;(b)方式 2;(c)方式 3

第7章　芯片封装可靠性测试

封装厂完成整个封装工艺流程后，会对封装好的产品进行质量和可靠性两方面检测。质量检测主要检测的是封装后产品的可用性、封装后的质量和性能情况。可靠性检测主要检测的是封装产品的可靠性参数。

产品的可靠性也就是产品可靠度的性能，具体表现在产品使用时是否容易出故障，产品使用寿命是否符合预期等。图7.1所示是统计学上的浴盆曲线（Bathtub Curve），这张图清楚地描述了生产厂商对产品可靠性的把控，同时也体现了客户对产品可靠性的需求。

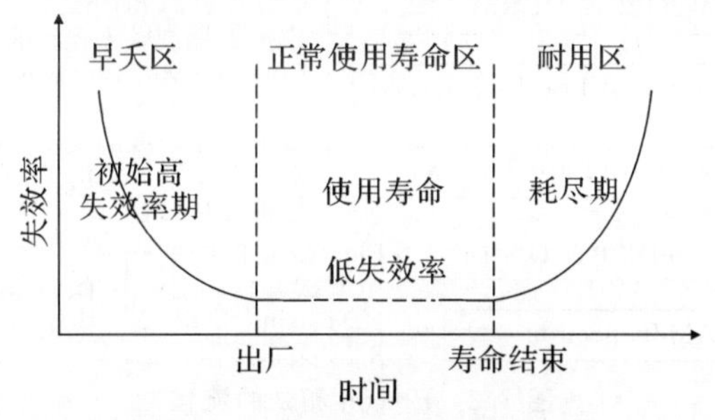

图7.1　统计学上的浴盆曲线图

浴盆曲线里的早夭区是指产品在很短的时间内就会损坏，这些产品是生产厂商需要淘汰的，不能投放到市场里的产品；正常使用寿命区是指产品的质量是顾客可以接受的；耐用区是指产品的性能特别好，特别耐用。由浴缸曲线可以看出，在早夭区和耐用区中，产品的失效率一般比较高。在正常使用寿命区，产品才会出现比较低的失效率。大部分产品都是处在正常使用寿命区的，而可靠性测试就是为了检测产品是否属于正常使用寿命区，解决产品早期研发中的不稳定、失效率高等问题，提升技术水平，让封装生产线实现高的良品率，进而稳定运行。

在封装产业的发展进程中，早期的封装厂商并没有把可靠性测试放在最重要的位置，而是把产能放在了第一位，只要产能足够就能盈利。到了20世纪90年代，随着封装技术的不断发展，封装厂商的数量也慢慢增加，产品的质量就显得尤为重要，哪个厂商的产品质量好，哪个厂商就会在市场上占据着绝对的优势，因此提高产品质量成为了封装厂商主要的研究方向。进入21世纪后，质量问题已经基本解决了，封装厂商之间的竞争重点转移到了可靠性上，在质量相同的条件下，消费者自然会更加青睐高可靠性的产品，于是可靠性的重要程度日益凸显，高可靠性是现代封装技术研究的重要指标。

7.1　Precon 测试

Precon 测试，即可靠性试验预处理流程测试(Pre-conditioning 测试)。从集成电路芯片封装工艺的完成到实际的组装，产品还需要经过很长的一段过程，比如包装、运输等，这些流程都会对产品造成损坏，所以我们就需要先模拟这个过程，测试产品的可靠性。在 Precon 测试中，也包括了前面的 T/C，TH 等多项测试的组合。

Precon 的测试流程如图 7.2 所示。测试前先进行电测试，再用超声波检测内部结构，确定没有问题后，再开始进行各项恶劣环境的测试，先是 T/C 测试模拟运输到客户处过程中的温度变化，再模拟干燥剂烘干硅胶的过程，然后恒温、定时放置一段时间(根据参数的不同，分为 6 个等级，用来模拟开封后吸湿的过程)，最后模拟焊接过程后再检查电气特性和内部结构。

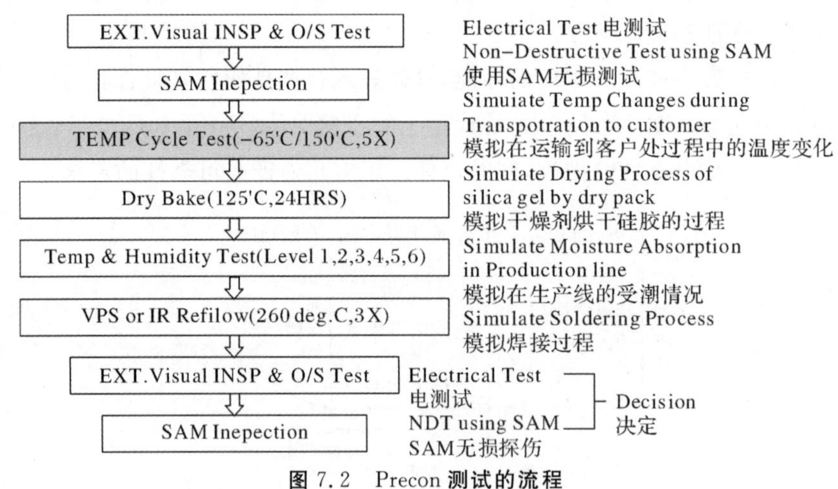

图 7.2　Precon 测试的流程

模拟开封后的吸湿过程分为 6 个等级，见表 7.1，等级 1 最高，依次下降，看需要选择等级。

表 7.1　Precon 模拟环境等级参数表

等 级	温度(℃)/湿度(%RH)	测试时间	干燥包装开封后有效寿命
1	85/85	168 h	无限
2	85/60	168 h	一年
3	30/60	192 h	168 h(一星期)
4	30/60	92 h	72 h(3 天)
5	30/60	76 h	48 h(2 天)
6	30/60	6 h	6 h

在 Precon 测试中，会出现爆米花效应、脱层、电路失效等问题。这些问题都是由封装体在吸湿后再经历高温而引起的。高温环境中，封装体吸收的水分变成气体，使得体积变大，对封装体产生了破坏。因此应该减弱 EMC 的吸湿性来解决爆米花效应，减小封装材料的热膨胀系数、增强接合能力来改善脱层问题。只有顺利通过了 Precon 测试以后，才能保证产品完好

无损地送到客户手中,所以要把 Precon 测试放在所有测试中的第一个。

7.2　T/C 测试

T/C 测试,即温度循环测试(Temperature Cycling,T/C),它的测试设备如图 7.3 所示,整个设备由一个热气室和一个冷气室组成,两个室内分别充满热、冷空气(两个室的空气相对温差越大,温度循环测试的产品的某特性可靠性越高)。两室之间有个阀门,它使得待测品可以在两室之间不停往返。

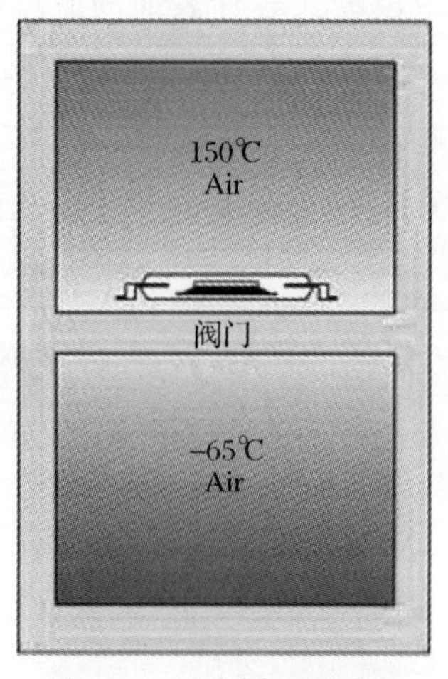

图 7.3　温度循环测试炉

当封装好的产品进行 T/C 测试的时候,有 4 个参数需要加以注意,分别是热腔温度、冷腔温度、循环次数和单次单腔停留时间。

表 7.2 记录的参数就代表进行 T/C 测试时把封装好的芯片放在 150℃的温度循环试验箱 15min,再通过阀门放入－65℃的低温箱 15min,再放入高温箱,如此反复 1 000 次。之后测试电路性能来检测封装产品是否通过了 T/C 可靠性测试。

表 7.2　温度循环测试参数表

温　度	时　间	次　数
150℃/－65℃	15min/区	1 000 次

T/C 测试的主要目的是测试半导体封装体热胀冷缩的耐久性。在封装体中存在着许多种材料,不同材料之间都存在着相应的结合面,当封装所处环境的温度发生变化时,封装体内各种材料就会出现热胀冷缩效应,而且由于不同材料的热膨胀系数不同,它们的热胀冷缩的程度就会不同,这样原来紧密结合的材料结合面就会出现问题。图 7.4 所示是以引线框架封装为例,温度变化时热胀冷缩的具体情况。封装体中主要的材料包括引线框架的 Cu 材料,芯片的 Si 材料,连接用的 Au 线材料,还有芯片黏结的 EMC 胶体材料。其中 EMC 与 Si 芯片、引线框架有大面积接触,比较容易发生脱层。Si 芯片与黏合的硅胶,硅胶和引线框架之间也会在 T/C 测试中失效。

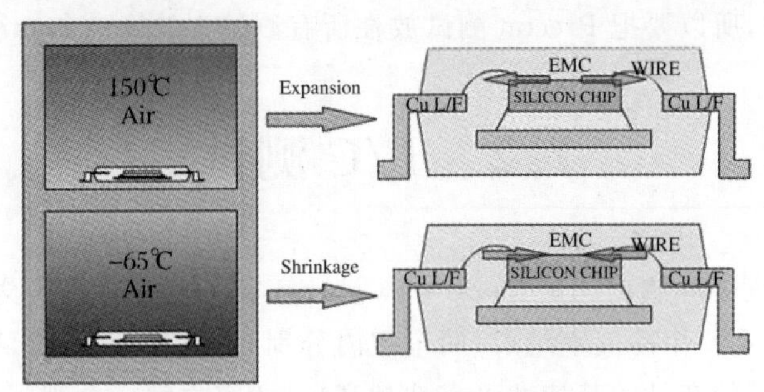

图 7.4　引线框架封装的热胀冷缩现象

图 7.5 展示了 T/C 测试的失效模型。芯片表面的脱层会影响到连接的 Au 线，Au 线被扯断了就会造成断路。与此同时，芯片在 T/C 测试中会出现开裂，导致电路断路或短路。

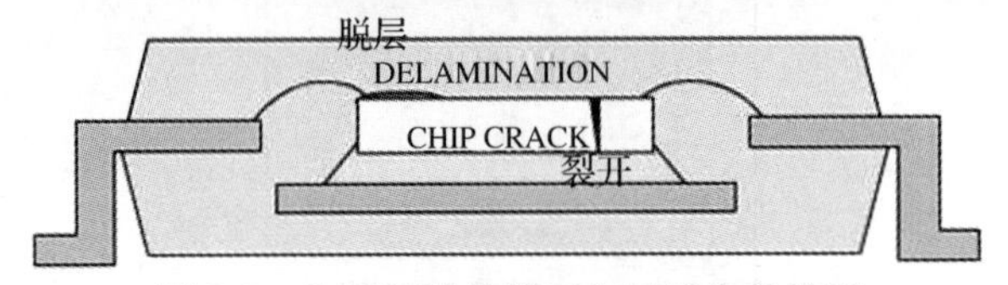

图 7.5　T/C 测试的脱层与开裂失效模型

7.3　T/S 测试

T/S 测试，即封装体承受热冲击的能力的测试(Thermal Shock test，T/S 测试)，它和 T/C 测试存在相似点，也存在不同点，不同点在于 T/S 测试是在高温液体中转换，而 T/C 测试是在高温空气中转换，由于液体的导热比空气快，所以 T/S 测试对封装体具有较强的热冲击力。T/S 测试的设备如图 7.6 所示，它由高温液体炉和低温液体炉组成。

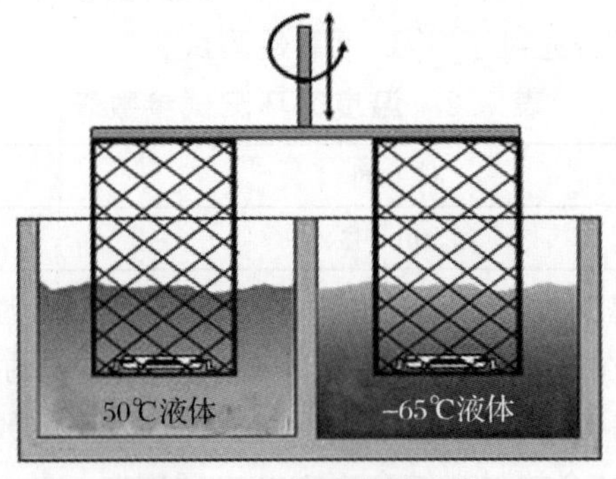

图 7.6　抗热冲击测试炉

表 7.3 列出了 T/S 测试需要注意的参数，T/S 测试在 2 个区域分别放入 150℃的液体和 −65℃的液体，然后把封装产品放入高温区，5 min 后再放入低温区，由于两个区域温差大，液体传热环境好，封装体就会受到很强的热冲击，如此反复 1 000 次，来测试产品的抗热冲击性，最终通过测试电路的通断情况来判定封装产品是否通过了 T/S 测试。

表 7.3　抗热冲击测试参数表

温　度	时　间	次　数
150℃/－65℃	5min/区	1 000 次

7.4　HTS 测试

HTS 测试，即封装体长时间存放在高温环境下的耐久性(High Temperature Storage,HTS)测试。HTS 测试的设备如图 7.7 所示，是一个高温氮气烤箱。

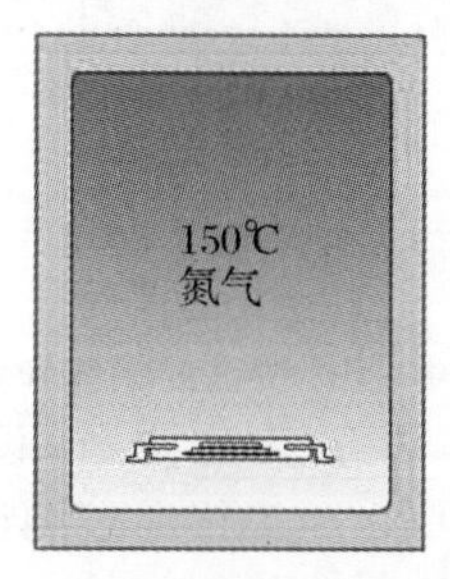

图 7.7　HTS 测试用高温氮气炉

表 7.4 列出了 HTS 测试测试需要注意的参数，设置氮气炉的温度为 150℃，将封装产品放在氮气炉中 1 000 h，最终通过测试电路的通断情况来判定封装产品是否通过了 HTS 测试。

表 7.4　高温环境耐久性测试参数表

温　度	时　间
150℃	1 000 h

在高温条件下，半导体的活性增强，会加快物质间的扩散作用，从而导致电气上的接触不良。除此之外，在高温下，机械强度较低的物质也容易受到损坏。图 7.8 所示的 Kirkendal 孔洞就是由于物质的扩散作用产生的。在 Au 线和芯片的结合面上，材料结构依次为 Al、Al-Au 合金、Au。在高温的状态下，Au 和 Al 都会变得很活跃，相互之间会发生扩散，但是由于 Al 的扩散速度快于 Au，所以在 Al 界面处的物质就变少了，在结合处就会产生孔洞，这样就会影响到电路性能，甚至导致断路。解决 HTS 可靠性测试不良的方法有许多种。首先在特定情况下，可以使用同种物质结合电路，比如在军事上，用 Al 线代替 Au 线，这样就不会由于金属间的相互扩散而产生接触不良了。其次，也可以使用掺杂物质当作中介层来抑制物质间的相互扩散。此外，还可以避免将封装体长时间暴露在高温下，没有长时间的高温，就不会发生相互扩散而导致失效了。

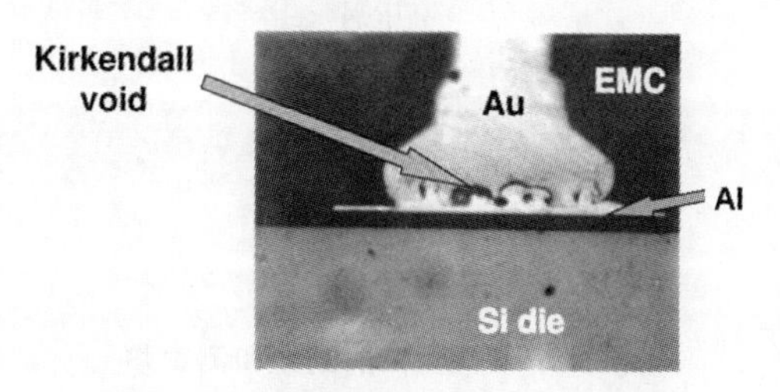

图 7.8　扩散引起的 Kirkendal 孔洞

7.5 TH 测试

TH 测试,即封装体在高温潮湿环境下的耐久性(Temperature & Humidity,TH)测试。TH 测试的设备如图 7.9 所示,是一个恒温恒湿实验箱。

图 7.9 TH 测试的锅体和温箱

表 7.5 展示了 TH 测试测试需要注意的参数,设置实验箱的温度为 85℃,湿度为 85RH%,将封装产品放在实验箱中 1 000 h,最终通过测试封装体电路的通断情况来判定封装产品是否具有优良的耐高温潮湿性。

表 7.5 高温潮湿耐久性测试参数表

温 度	湿 度	时 间
85℃	85RH%	1 000 h

在 TH 测试中,由于 EMC 材料有一定的吸湿性,封装内部电路在潮湿的环境下,很容易发生漏电、短路等情况。为了让封装体有更好的防湿性,可以选择陶瓷封装来代替塑料封装,因为陶瓷相比于 EMC 材料可以比较好地隔绝水分。此外,也可以通过控制 EMC 的材料成分来达到改善材料的吸湿性。

7.6 PC 测试

PC 测试,即封装体抵抗潮湿环境能力(Pressure Cooker,PC)测试。PC 测试与 TH 测试相似,只是增加了压强从而缩短了测试时间,通常做 PC 测试的工具叫作“高压锅、高压加速老化试验箱”,如图 7.10 所示。

图 7.10 PC 测试的锅体和测试炉

表 7.6 展示了 PC 测试测试需要注意的参数,设置实验锅体的温度为 121℃,湿度为

100RH%，气压为 2 个大气压(1 标准大气压＝101.325kPa)，将封装产品放在实验箱中 504 h，最终通过测试封装体电路的通断情况来判定封装产品是否具有优良的耐潮湿性。

表 7.6　高温高压潮湿环境耐久性参数表

温　度	湿　度	时　间	气　压
121℃	100RH%	504 h	2 个大气压

在引线框架封装中，引线框架材料和 EMC 材料的结合处很容易渗入水分，这样就会腐蚀内部的电路，破坏了产品的功能。针对这种情况，通常会使用紫外光照射产品，来检测引线框架材料和 EMC 材料的结合情况。PC 测试针对性的解决方法就是提高引线框架材料和 EMC 材料之间的结合力度，可以调节 EMC 材料的成分，也可以处理好引线框架的表面。

7.7　可靠性衡量

7.7.1　失效率、MTBF 和 FIT

衡量电子器件失效率的公式如下：

失效率＝总的失效数目/总器件时间积的数目

由公式可以计算得到，如果测试 50 个器件所用的时间为 10 000 h，那总器件时间积就是 500 000 个测试器件时间。如果在测试过程中出现了 4 个失效，失效率就是 8×10^{-6}/器件时间，它的含义是每 100 万个器件时间里有 8 个失效。失效的平均时间(MTBF)是失效率的倒数，即 125 000 h 失效。失效时间(FIT)是每 10 亿个器件时间里的失效数目，在这个例子中 FIT 就是 8 000。以上这些数据只能粗略地描述失效模型。

7.7.2　可靠性函数

可靠性函数可以用来预测失效率相对于时间的变化，让工程师可以通过有限的失效数据来预测将来可能会发生的情况。例如，跟踪记录一种新型混合封装只读存储器的失效率，1 800个存储器被投放进了市场，之后可以从维修中心查询到器件的失效情况，数据见表 7.7。

表 7.7　商用控制器中 ROM 的失效率数据

使用的天数	在每隔 50 天周期中 ROM 失效的个数	使用的天数	在每隔 50 天周期中 ROM 失效的个数
50	45		
100	60	600	68
150	78	650	75
200	85	700	65
250	82	750	60
300	78	800	60
350	81	850	50
400	85	900	52
450	88	950	45
500	78	1 000	40
550	73		

注：7.7 节所有数据和图表来源于 *Advanced Electronic Packaging*，2nd Edition。

从这些数据中可以提取到一些信息，比如平均期望周期和与失效模型有关的一些信息。首先需要注意到的数据是：在使用天数以 50 递增的情况下，存储器的失效数目随时间的变化并不大，那就表明随着时间增长，失效的只读存储器逐渐减少。其次需要注意的一个点是，如果这些存储器失效得这么快，就会产生很严重的问题。

通过可靠性函数可以了解到正在运行的装置的一些信息。主要函数有 4 个，最基本的两个分别为：

(1)$R(t)$是可靠性函数，它是在时间 t 内没有失效的装置数除以装置总数。

(2)$F(t)$是累积失效函数，它是截止到时间 t 已经失效的装置数除以装置总数。

$R(t)$和 $F(t)$的范围都是 0～1，并且通常与时间长度 t 有联系。通常情况下这两个函数之和等于 1，即

$$R(t)+F(t)=1$$

根据表 7.7 可以计算出这两个函数：

$$F(150\text{ 天})=\frac{\text{在 150 天失效的数目}}{\text{原装置的总数}}=\frac{45+60+78}{1\ 800}=0.102$$

$$R(150\text{ 天})=\frac{\text{在 150 天运行的数目}}{\text{原装置的总数}}=\frac{1\ 800-(45+60+78)}{1\ 800}=1-F(150\text{ 天})=0.898$$

通过这种测试方法，测试量越大，$F(t)$和 $R(t)$的值越精确。

图 7.11 给出了根据表 7.7 计算得出的 $F(t)$和 $R(t)$图形，在这张图中，离散数据用离散数据点来表示。

对于可能性概率的计算，许多器件或系统最终都会失效。

因此，$F(0)=0$ 并且 $F(\infty)=1$；

$R(0)=1$ 并且 $R(\infty)=0$。

那么，一个新的存储器在 700 天以内的失效概率大约为 58%，在 600 天内的失效概率大约为 64%，在 700～800 天之间的失效概率大约为 6%。

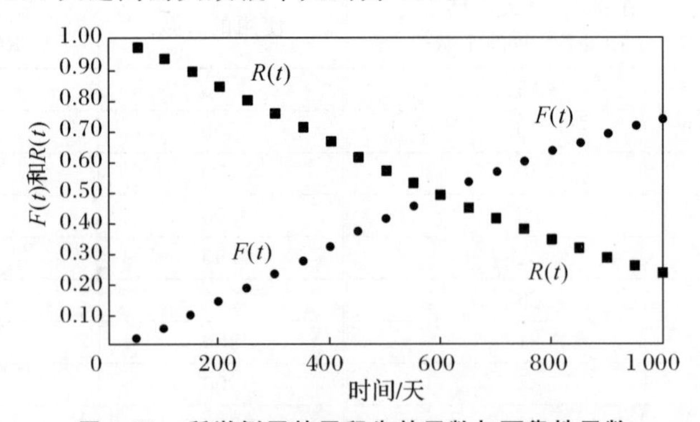

图 7.11 所举例子的累积失效函数与可靠性函数

4 个主要的可靠性函数中的第 3 个是失效密度函数 $f(t)$，它的定义是累积失效函数对时间的导数，单位是时间单位的倒数，即

$$f(t)=\frac{\mathrm{d}F(t)}{\mathrm{d}t}=-\frac{\mathrm{d}R(t)}{\mathrm{d}t} \tag{7-1}$$

$$F(t)=\int_0^t f(t)\mathrm{d}t \tag{7-2}$$

从物理意义上讲,失效密度函数的含义是元器件在给定时间段内的部分概率。失效密度函数的值越大,元器件失效得越快。由于所有器件最后都会失效,所以失效密度函数在时间上从 0 到无穷的积分为

$$F(\infty)=\int_0^\infty f(t)\mathrm{d}t=1$$

失效密度函数是累积失效函数对时间的导数,导数可以表示成有限的差分形式,根据图 7.11 所示的离散数据,则有

$$f(t)=\frac{\mathrm{d}F(t)}{\mathrm{d}t}=-\frac{F(t)-F(t-\Delta t)}{\Delta t} \tag{7-3}$$

当 $t=800$ 天时,失效密度函数值为

$$f(800\text{ 天})=\frac{\mathrm{d}F(t)}{\mathrm{d}t}=-\frac{F(800)-F(750)}{50}=\frac{0.645-0.612}{50}=6.67\times10^{-4}\ /\text{天}^{-1}$$

失效密度函数如图 7.12 所示,从图中可以看出,失效率在 400 天时达到最大,之后逐渐减小,但随着测试时间的增长,器件会失效或偏离测试条件,所以失效密度函数必定随着时间增大而减小,最终减小到零。

失效密度函数 $f(t)$ 表示一定量元器件在给定时间 t 中失效的比例,但 $f(t)$ 并不能直观地给出那些仍然在测试中的失效率器件的信息。随机率 $h(t)$ 可以更好地表示仍然在工作的失效率器件,它的定义是失效密度函数与可靠性函数的比值,即

$$h(t)=\frac{\text{失效密度函数}}{\text{可靠性函数}}=\frac{f(t)}{R(t)}=\frac{f(t)}{1-F(t)} \tag{7-4}$$

在 $t=800$ 天时,随机率是

$$h(800\text{ 天})=\frac{f(800)}{R(800)}=\frac{6.67\times10^{-4}}{0.355}=1.88\times10^{-3}$$

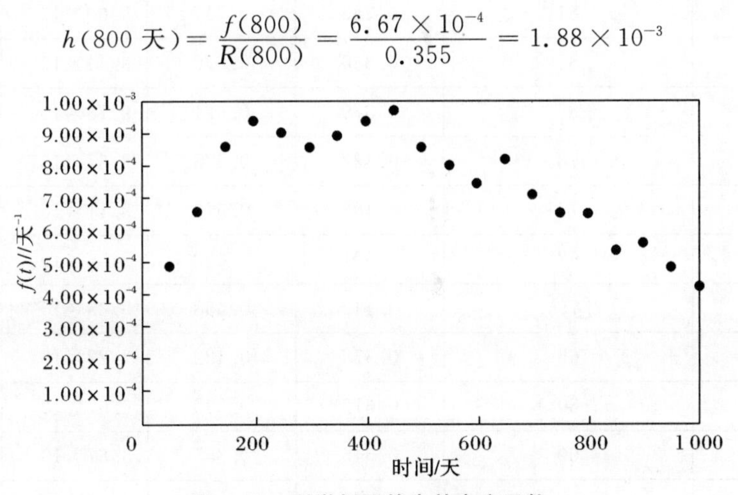

图 7.12　所举例子的失效密度函数

图 7.13 所示是样本的随机率曲线，从图中可以看出，不管失效过程如何，器件越陈旧，随机率越高，这就表明造成这样的原因可能不是随机应力故障，而是一些磨损机理。如果是随机的，那随机率曲线应该是一条水平直线。表 7.8 列出了存储器失效率的 4 个函数值。

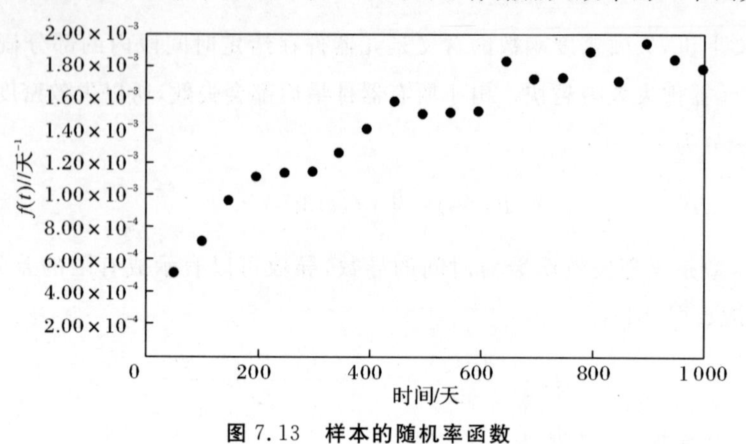

图 7.13 样本的随机率函数

表 7.8 商业管理中只读存储器的失效率数据

时间/天	单位时间内的失效数量	数值分析的结果			
		$F(t)$	$R(t)$	$f(t)$	$h(t)$
50	45	0.025	0.975	5.00×10^{-4}	5.13×10^{-4}
100	60	0.058	0.942	6.67×10^{-4}	7.08×10^{-4}
150	78	0.102	0.898	8.67×10^{-4}	9.65×10^{-4}
200	85	0.149	0.851	9.44×10^{-4}	1.11×10^{-3}
250	82	0.194	0.806	9.11×10^{-4}	1.13×10^{-3}
300	78	0.238	0.762	8.67×10^{-4}	1.14×10^{-3}
350	81	0.283	0.717	9.00×10^{-4}	1.25×10^{-3}
400	85	0.330	0.670	9.44×10^{-4}	1.41×10^{-3}
450	88	0.379	0.621	9.78×10^{-4}	1.57×10^{-3}
500	78	0.422	0.578	8.67×10^{-4}	1.50×10^{-3}
550	73	0.463	0.573	8.11×10^{-4}	1.51×10^{-3}
600	68	0.501	0.499	7.56×10^{-4}	1.51×10^{-3}
650	75	0.542	0.458	8.33×10^{-4}	1.82×10^{-3}
700	65	0.578	0.422	7.22×10^{-4}	1.71×10^{-3}
750	60	0.612	0.388	6.67×10^{-4}	1.72×10^{-3}
800	60	0.645	0.355	6.67×10^{-4}	1.88×10^{-3}
850	50	0.673	0.327	5.56×10^{-4}	1.70×10^{-3}

续表

时间/天	单位时间内的失效数量	数值分析的结果			
		$F(t)$	$R(t)$	$f(t)$	$h(t)$
900	52	0.702	0.298	5.78×10^{-4}	1.94×10^{-3}
950	45	0.727	0.273	5.00×10^{-4}	1.83×10^{-3}
1 000	40	0.749	0.251	4.44×10^{-4}	1.77×10^{-3}

7.7.3　韦布尔分布

如果要比较各个器件的失效方式，并不能完全通过可靠性分布函数。失效数据通常只是 1 个或 2 个参数，而 4 个可靠性分布函数 $F(t)$、$R(t)$、$f(t)$、$h(t)$ 建立在各种各样的假设之上。通过比较 1 个或 2 个参数，来代替所有独自失效的数据点，可以比较出不同器件的失效方式，例如使用非常广泛的分布——韦布尔(Weibull)分布。韦布尔分布的失效密度函数为

$$f(t)=\frac{\beta}{\lambda}\left(\frac{t}{\lambda}\right)^{(\beta-1)}\mathrm{e}^{-\left(\frac{t}{\lambda}\right)^{\beta}} \tag{7-5}$$

如果给出 4 个可靠性分布函数中的任意一个，可以推导出其余 3 个，即

$$F(t)\int_0^t f(t)\mathrm{d}t=\int_0^t\frac{\beta}{\lambda}\left(\frac{t}{\lambda}\right)^{(\beta-1)}\mathrm{e}^{-\left(\frac{t}{\lambda}\right)^{\beta}}\mathrm{d}t=1-\mathrm{e}^{-\left(\frac{t}{\lambda}\right)^{\beta}} \tag{7-6}$$

$$R(t)=1-F(t)=\mathrm{e}^{-\left(\frac{t}{\lambda}\right)^{\beta}}$$

$$h(t)=\frac{f(t)}{R(t)}=\frac{f(t)}{1-F(t)}=\frac{\frac{\beta}{\lambda}\left(\frac{t}{\lambda}\right)^{(\beta-1)}\mathrm{e}^{-\left(\frac{t}{\lambda}\right)^{\beta}}}{1-\left[1-\mathrm{e}^{-\left(\frac{t}{\lambda}\right)^{\beta}}\right]}=\frac{\beta}{\lambda}\left(\frac{t}{\lambda}\right)^{\beta-1} \tag{7-7}$$

式中：λ 为生命周期参数，用表示平均失效时间，它是时间参量并且等于 0.632；

β 为形状参数，表示在平均周期附近的失效分布频率，它的值通常在 0.5～2.0。

使用韦布尔分布的思路是使用测量得到的生命周期数据，来计算 λ 和 β 的值，与其他产品的生命周期进行比较，或者与其他产品的 λ 和 β 值相关联并做出处理。图 7.14 所示是失效密度函数，横轴是时间除以生命周期参数(或 t/λ)，λ 为单位长度，可以看出当形状参数 β 增加，时间一定时，失效率会增加。

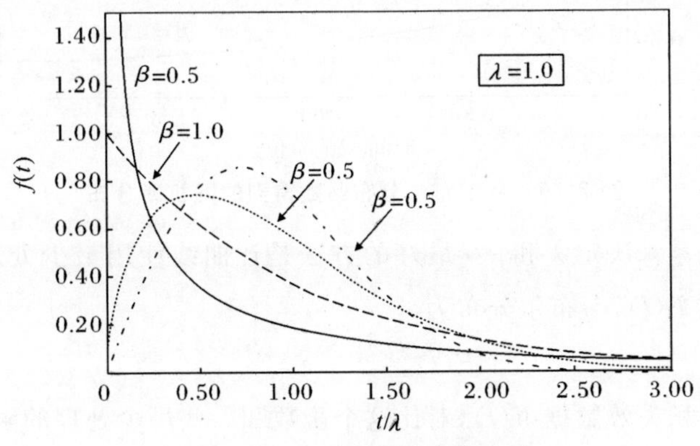

图 7.14　韦布尔失效密度函数

图 7.15 所示是累积分布函数 $F(t)$，从图中可以看出生命周期参数 λ，在 0.632 这个值时都失效(这个值是 $1-e^{-1}$)，并且 β 值会影响失效率在 λ 左右的分布。

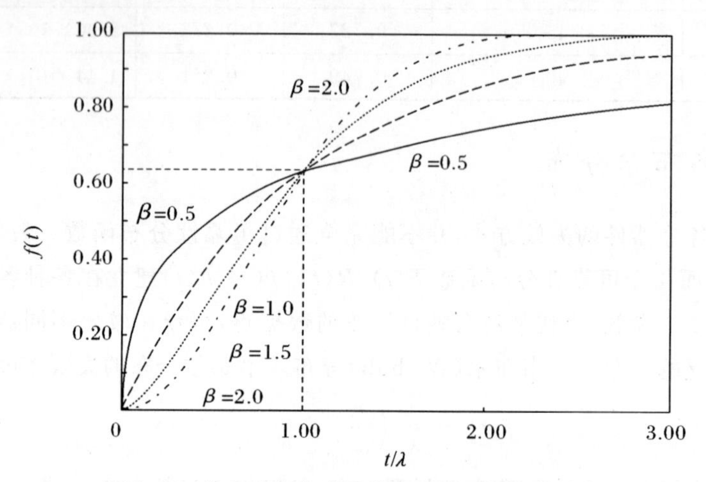

图 7.15　从韦布尔分布函数得到的累积失效分布

图 7.16 所示是韦布尔分布得到的随机率分布，可以看出形状参数 β 和随机率分布有关。形状参数是设备在一段时间内经常失效的概率，更小的 β 值表明在早期失效的概率更大。$\beta>1$ 表明是磨损故障，会使得失效率在后期增加。

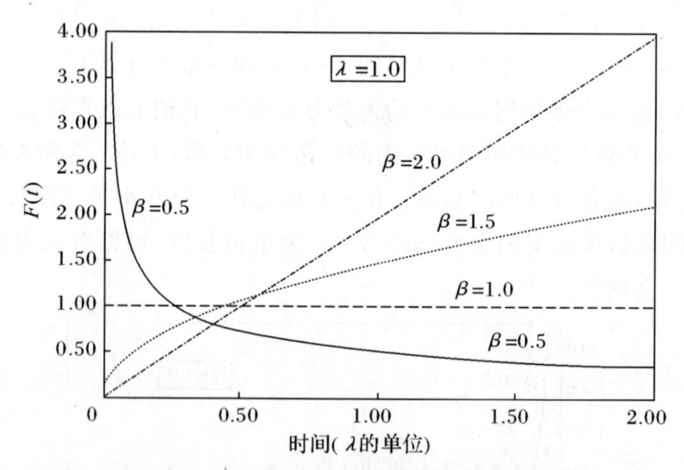

图 7.16　从韦布尔分布函数得到的随机率分布

如何使用两者关系来决定 λ 和 β? 最好的方法是让曲线使用最少处理过的数据，使其总是接近累积分布函数 $F(t)$，韦布尔分布为

$$F(t) = 1 - e^{-\left(\frac{t}{\lambda}\right)^{\beta}} \tag{7-8}$$

通过表 7.8 的累积失效数据 $F(t)$，对比这个函数和一些最少处理的函数，可得图 7.17。

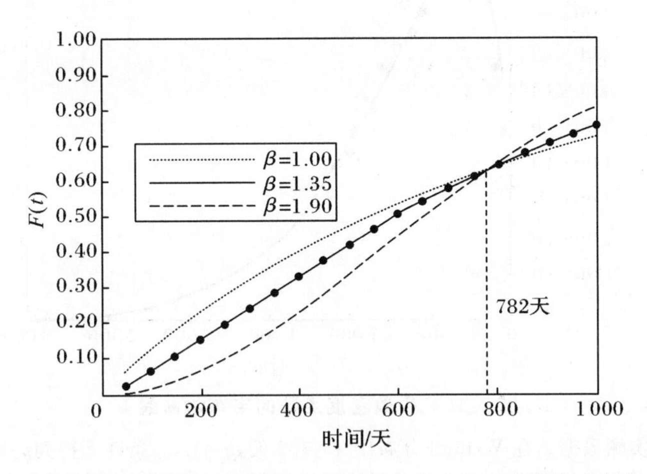

图 7.17　采用例子中的失效数据来确定韦布尔分布中的生命周期参数与形状参数

注：所有点都来自实测。数据三个曲线中的 λ 都为 782 天。

图 7.17 所示有 3 条不同的曲线，曲线的 λ 都为 782 天，但是 β 值不同。可以看出最好的曲线是 $\beta=1.35$ 的那条。这条曲线可能是除了真实数据之外更好的，但 $F(t)$ 的数据在数学计算中总是单调的，并且与 $f(t)$ 和 $h(t)$ 比较起来更加集中。图 7.18 所示是例子中随机率函数的曲线。

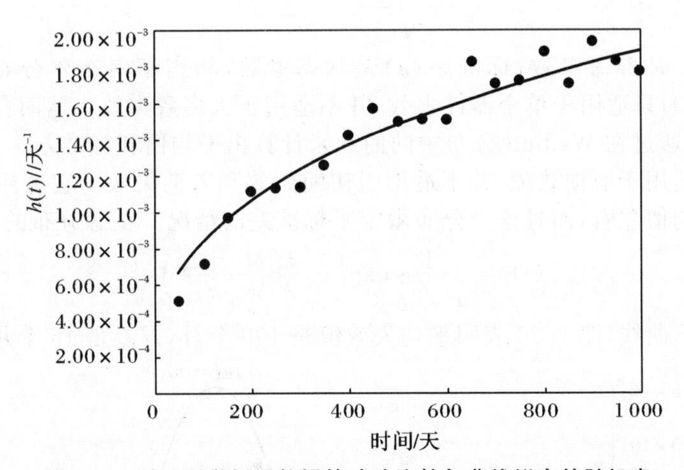

图 7.18　对于所举例子数据的试验比较与曲线拟合的随机率

注：所有点都来自实测数据。在 Weibull 分布中 $\lambda=782$ 天，$\beta=1.35$ 条件下得到的曲线。

图中随机率随着时间的增加而上升，这表明不管失效的过程如何，器件使用时间越长，失效的概率就越大，因此失效过程是磨损失效。如果过分强调随机性，曲线应该是水平的。如果初期失败率是失效的，那么曲线应该随时间的增加而下降。因此，这种分析方法不能确定失效方式，但给了我们一些启示，如图 7.19 所示。

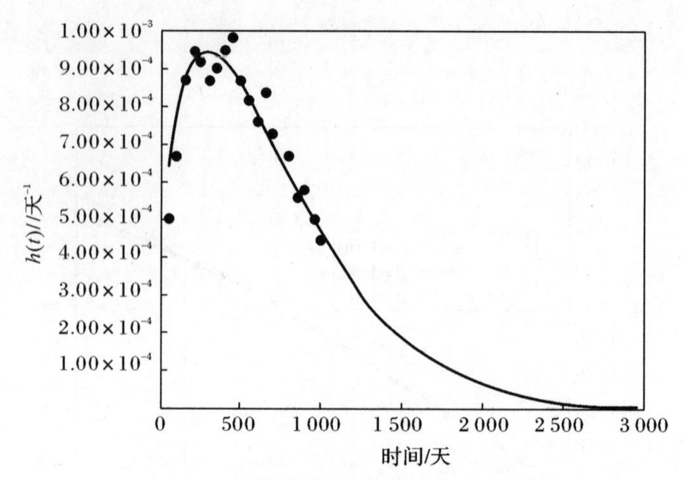

图 7.19　失效密度函数的韦布尔曲线

注:所有点都来自实测数据。在 Weibull 分布中 $\lambda=782$ 天,$\beta=1.35$ 条件下得到的曲线。

7.7.4　正态分布

正态分布可以用来计算平均值和标准差,也可以作为失效样本的数学模型。由于独立变量是时间,我们重点关注时间对微电子器件的失效作用。对一些器件在 $t=0$ 时开始测量每一个的失效时间,然后用以下公式计算出平均寿命和标准差,即

$$t_{\text{avg}}=\frac{\text{所有部件失效时间之和}}{\text{初始部件数量}}=\frac{\sum t_i}{N} \tag{7-9}$$

$$\sigma=\sqrt{\frac{\sum(t_i-t_{\text{avg}})^2}{N}} \tag{7-10}$$

平均寿命 t_{avg} 是寿命参数,标准差(σ)是状态参数,相当于韦布尔分布中的 λ 和 β。式(7-9)和式(7-10)只适用于单个器件失效,并不适用于大多数失效。然而在所有器件都失效前,我们还是可以通过在 Weibull 分布中的曲线来计算出平均值和标准差。

正态分布更适用于磨损故障,并不适用于初期失效和末期失效。它适用于当失效时间在“正态分布”的平均值左右,而且这个分布限定了标准差的情况。正态分布的失效密度函数是

$$f(t)=\frac{1}{\sigma\sqrt{2\pi}}\exp\left[-\frac{1}{2}\left(\frac{t-t_{\text{avg}}}{\sigma}\right)^2\right] \tag{7-11}$$

这类似于钟形曲线,图 7.20 表明平均失效值是 100 个月,方差是 16 个月。

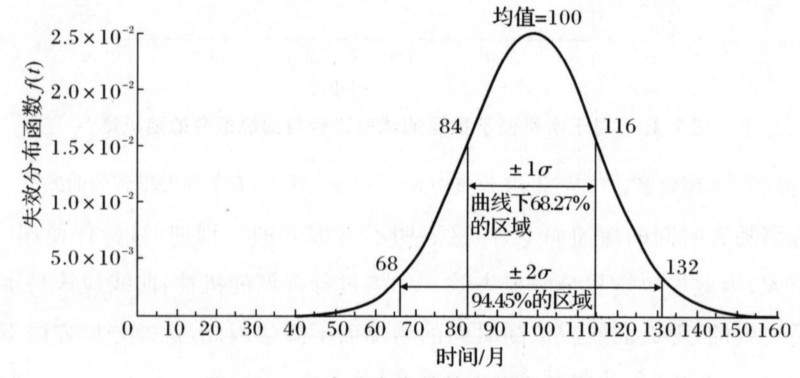

图 7.20　正态分布失效的失效分布函数

根据可靠性函数之间的数学关系，另外 3 个函数可以推导出来，即

$$F(t)=\int_0^t \frac{1}{\sigma\sqrt{2\pi}}\exp\left[-\frac{1}{2}\left(\frac{t-t_{\mathrm{avg}}}{\sigma}\right)^2\right]\mathrm{d}t \equiv \theta\left(\frac{t-t_{\mathrm{avg}}}{\sigma}\right) \tag{7-12}$$

$$R(t)=1-\theta\left(\frac{t-t_{\mathrm{avg}}}{\sigma}\right) \tag{7-13}$$

$$h(t)=\frac{\dfrac{1}{\sigma\sqrt{2\pi}}\exp\left[-\dfrac{1}{2}\left(\dfrac{t-t_{\mathrm{avg}}}{\sigma}\right)^2\right]}{1-\theta\left(\dfrac{t-t_{\mathrm{avg}}}{\sigma}\right)} \tag{7-14}$$

式(7-12)中积分是有限的，并且 θ 的值通常会给出。图 7.21 是累积失效密度函数和正态分布的随机率函数。要使用这种分布，平均值要求至少 3 个标准差偏离零，否则钟形正态分布曲线就不适用。

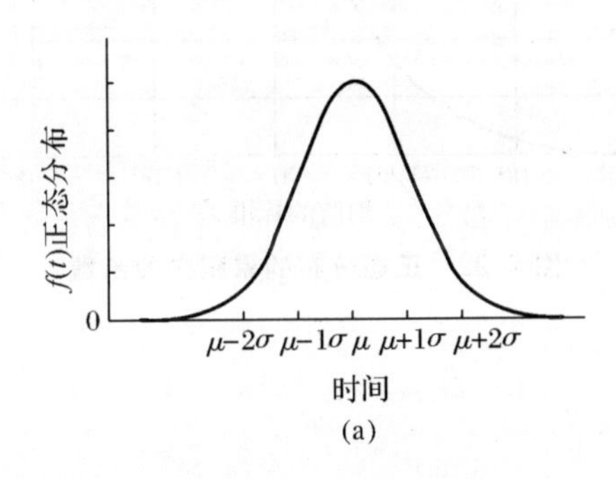

(a)

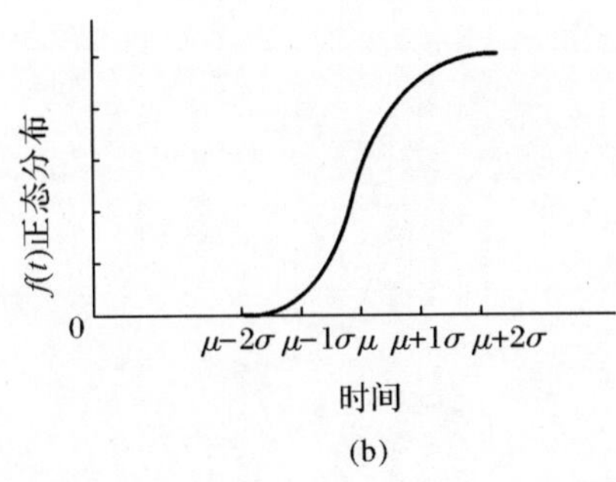

(b)

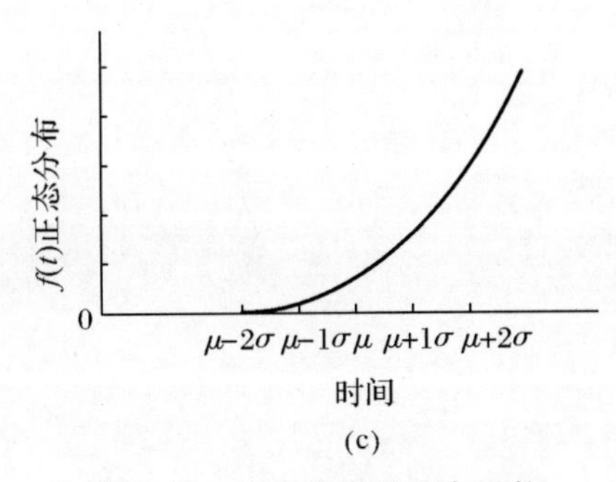

(c)

图 7.21　正态分布的分布函数

图 7.22 所示是累积失效函数，通过准确的失效数据计算平均值和标准差的方法与韦布尔分布十分类似。在两种情况下可以绘出已知的 $F(t)$ 相对两个参数——平均值和标准差的各种推测数据，直到它与分布曲线相符。如果无效的平均值和标准差与数据相符，那么失效图就不是正态分布。

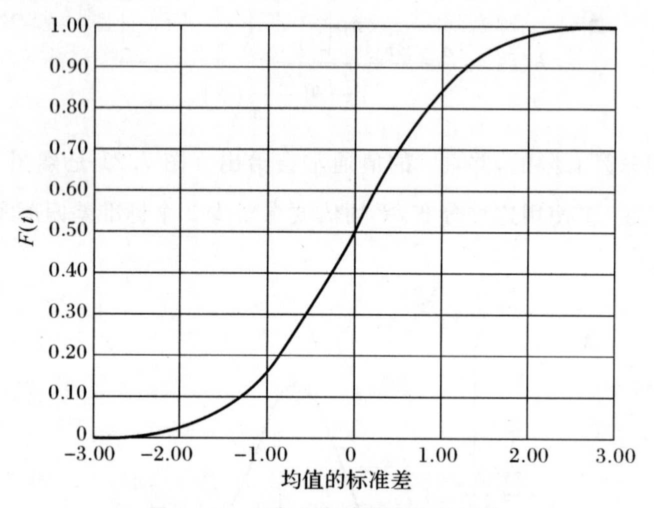

图 7.22 正态分布的累积失效函数

第8章　封装失效分析

随着封装技术的不断进步，封装的元器件朝着小型化、薄型化、轻量化的趋势发展，这就使得封装中本来存在的缺陷与问题表现得更加突出。为了减小缺陷带来的影响，提升封装的可靠性，就需要了解封装中的失效及其产生原因，这样才能改善封装中的缺陷，提升封装产品的质量。

封装的失效机理可以分为两类：过应力和磨损。过应力失效往往是瞬时的、灾难性的；磨损失效是长期的累积损坏，往往首先表示为性能退化，接着才是器件失效。失效的负载类型又可以分为机械、热、电和化学负载等。影响封装缺陷和失效的因素是多种多样的，材料成分和属性、封装设计、环境条件和工艺参数等都会有所影响，是确定影响因素和预防封装缺陷和失效的基本前提。影响因素可以通过试验或者模拟仿真的方法来确定，一般多采用物理模型法和数值参数法。对于更复杂的缺陷和失效机理，常常采用试差法确定关键的影响因素，但是这个方法需要较长的试验时间和设备修正，效率低、花费高。

本章主要对封装里的失效的机理以及失效的分析方法进行介绍。

8.1　封装失效机理

封装主要失效机理包括机械载荷、热载荷、电载荷和化学载荷等。

机械载荷包括物理冲击、振动、填充颗粒在硅芯片上施加的应力（如收缩应力）和惯性力（如宇宙飞船的巨大加速度）等。材料对这些载荷的响应可能表现为弹性形变、塑性形变、翘曲、脆性或柔性断裂、界面分层、疲劳裂缝产生和扩展、蠕变以及蠕变开裂等等。

热载荷包括芯片黏结剂固化时的高温、引线键合前的预加热、成型工艺、后固化、邻近元器件的再加工、浸焊、气相焊接和回流焊接等等。外部热载荷会使材料因热膨胀而发生尺寸变化，同时也会改变蠕变速率等物理属性。如发生热膨胀系数失配（CTE失配）进而引发局部应力，并最终导致封装结构失效。过大的热载荷甚至可能会导致器件内易燃材料发生燃烧。

电载荷包括突然的电冲击、电压不稳或电流传输时突然的振荡（如接地不良）而引起的电流波动、静电放电、过电应力等。这些外部电载荷可能导致介质击穿、电压表面击穿、电能的热损耗或电迁移，也可能增加电解腐蚀、树枝状结晶生长，引起漏电流、热致退化等。

化学载荷包括化学使用环境导致的腐蚀、氧化和离子表面枝晶生长。由于湿气能通过塑封料渗透,因此在潮湿环境下湿气是影响塑封器件的主要问题。被塑封料吸收的湿气能将塑封料中的催化剂残留萃取出来,形成副产物进入芯片黏结的金属底座、半导体材料和各种界面,诱发导致器件性能退化甚至失效。例如,组装后残留在器件上的助焊剂会通过塑封料迁移到芯片表面。在高频电路中,介质属性的细微变化(如吸潮后的介电常数、耗散因子等的变化)都非常关键。在高电压转换器等器件中,封装体击穿电压的变化非常关键。此外,一些环氧聚酰胺和聚氨酯如若长期暴露在高温高湿环境中也会引起降解(有时也称为"逆转")。通常采用加速试验来鉴定塑封料是否易发生该种失效。

需要注意的是,当施加不同类型载荷的时候,各种失效机理可能同时在塑封器件上产生交互作用。例如,热载荷会使封装体结构内相邻材料间发生热膨胀系数失配,从而引起机械失效。其他的交互作用,包括应力辅助腐蚀、应力腐蚀裂纹、场致金属迁移、钝化层和电解质层裂缝、湿热导致的封装体开裂以及温度导致的化学反应加速等等。在这些情况下,失效机理的综合影响并不一定等于个体影响的总和。

8.2 封装缺陷的分类

封装缺陷主要包括引线变形、底座偏移、翘曲、芯片破裂、分层、空洞、不均匀封装、毛边、外来颗粒和不完全固化等。

引线变形通常指塑封料流动过程中引起的引线位移或者变形,通常采用引线最大横向位移 x 与引线长度 L 之间的比值 x/L 来表示。引线弯曲可能会导致电器短路(特别是在高密度I/O器件封装中)。有时,弯曲产生的应力会导致键合点开裂或键合强度下降。影响引线键合的因素包括封装设计、引线布局、引线材料与尺寸、模塑料属性、引线键合工艺和封装工艺等。影响引线弯曲的引线参数包括引线直径、引线长度、引线断裂载荷和引线密度,等等。

底座偏移指的是支撑芯片的载体(芯片底座)出现变形和偏移。影响底座偏移的因素包括塑封料的流动性、引线框架的组装设计以及塑封料和引线框架的材料属性。薄型小尺寸封装(TSOP)和薄型方形扁平封装(TQFP)等封装器件由于引线框架较薄,容易发生底座偏移和引脚变形。底座偏移示意图如图8.1所示。

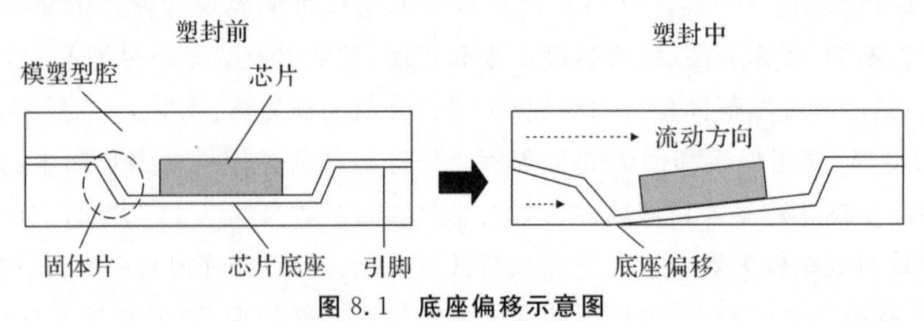

图 8.1 底座偏移示意图

翘曲是指封装器件在平面外的弯曲和变形。因塑封工艺而引起的翘曲会导致如分层和芯片开裂等一系列的可靠性问题。翘曲也会导致一系列的制造问题,如在塑封球栅阵列(PBGA)器件中,翘曲会导致焊料球共面性差,使器件在组装到印刷电路板的回流焊过程中发生贴装问题。翘曲模式包括内凹、外凸和组合模式3种，如图8.2所示。导致翘曲的因素还包括诸如塑封料成分、模塑料湿气含量、封装的几何结构等等。通过对塑封材料和成分、工艺参数、封装结构和封装前环境的把控，可以将封装翘曲降低到最小。在某些情况下，可以通过封装电子组件的背面来进行翘曲的补偿。例如，大陶瓷电路板或多层板的外部连接位于同一侧，对它们进行背面封装可以减小翘曲。

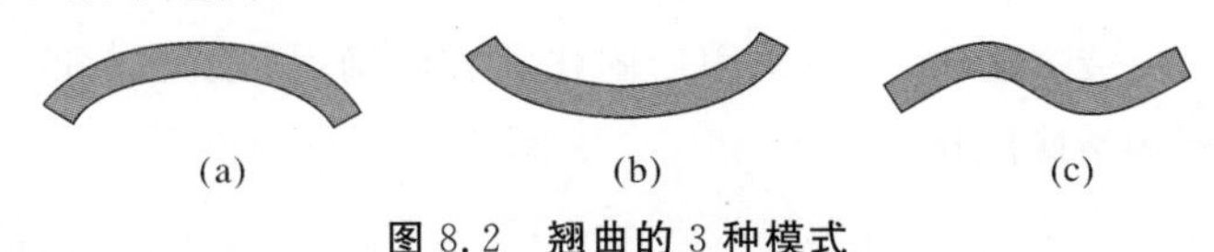

图8.2　翘曲的3种模式

(a)内凹；(b)外凸；(c)组合模式

封装工艺中产生的应力还会导致芯片破裂。封装工艺通常会加重前道组装工艺中形成的微裂缝。晶圆或芯片减薄、背面研磨以及芯片黏结都是可能导致芯片裂缝萌生的步骤。破裂的、机械失效的芯片不一定会发生电气失效。芯片破裂是否会导致器件的瞬间电气失效还取决于裂缝的生长路径。例如，若裂缝出现在芯片的背面，可能不会影响到任何敏感结构。因为硅晶圆比较薄且脆，晶圆级封装更容易发生芯片破裂。因此，必须严格控制转移成型工艺中的夹持压力和成型转换压力等工艺参数，以防止芯片破裂。3D堆叠封装中因叠层工艺而容易出现芯片破裂。在3D封装中影响芯片破裂的设计因素包括芯片叠层结构、基板厚度、模塑体积和模套厚度等。

分层或黏结不牢指的是在塑封料和其相邻材料界面之间的分离。分层位置可能发生在塑封微电子器件中的任何区域，同时也可能发生在封装工艺、后封装制造阶段或者器件使用阶段。封装工艺导致的不良黏结界面是引起分层的主要因素。界面空洞、封装时的表面污染和固化不完全都会导致黏结不良。其他影响因素还包括固化和冷却时收缩应力与翘曲。在冷却过程中，塑封料和相邻材料之间的CTE不匹配也会导致热-机械应力，从而导致分层。

封装工艺中，气泡嵌入环氧材料中形成了空洞，空洞可以发生在封装工艺过程中的任意阶段，包括转移成型、填充、灌封和塑封料至于空气环境下的印刷。通过最小化空气量，如排空或者抽真空，可以减少空洞。有报道采用的真空压力范围为1～300 Torr（一个大气压为760 Torr，1 Torr＝1.01325×10^5 Pa）。填模仿真分析认为，是底部熔体前沿与芯片接触，导致了流动性受到阻碍。部分熔体前沿向上流动并通过芯片外围的大开口区域填充半模顶部。新形成的熔体前沿和吸附的熔体前沿进入半模顶部区域，从而形成起泡。

非均匀的塑封体厚度会导致翘曲和分层。传统的封装技术，诸如转移成型、压力成型和灌注封装技术等，不易产生厚度不均匀的封装缺陷。晶圆级封装因其工艺特点，而特别容易导致不均匀的塑封厚度。为了确保获得均匀的塑封层厚度，应固定晶圆载体使其倾斜度最小以便于刮刀安装。此外，需要进行刮刀位置控制以确保刮刀压力稳定，从而得到均匀的塑封层厚度。在硬化前，当填充粒子在塑封料中的局部区域聚集并形成不均匀分布时，会导致不同质或不均匀的材料组成。塑封料的不充分混合将会导致封装灌封过程中不同质现象的发生。

毛边是指在塑封成型工艺中通过分型线并沉积在器件引脚上的模塑料。夹持压力不足是产生毛边的主要原因。如果引脚上的模料残留没有及时清除，将导致组装阶段产生各种问题。例如，在下一个封装阶段中键合或者黏附不充分。树脂泄漏是较稀疏的毛边形式。

在封装工艺中,封装材料若暴露在污染的环境、设备或者材料中,外来粒子就会在封装中扩散并聚集在封装内的金属部位上(如IC芯片和引线键合点),从而导致腐蚀和其他的后续可靠性问题。

固化时间不足或者固化温度偏低都会导致不完全固化。另外,在两种封装料的灌注中,混合比例的轻微偏移都将导致不完全固化。为了最大化实现封装材料的特性,必须确保封装材料完全固化。在很多封装方法中,允许采用后固化的方法确保封装材料的完全固化。而且要注意保证封装料比例的精确配比。

8.3 失效典型现象

8.3.1 金线偏移

金线偏移是封装过程中最常见的失效之一,IC元器件经常因为金线偏移量过大使得相邻金线发生接触,从而造成短路(Short Shot),甚至会导致金线被冲断而形成断路,造成元器件的缺陷。造成金线偏移的原因一般有以下几种:

(1)树脂流动产生的拖曳力。这是造成金线偏移失效最常见的原因。在填充阶段,树脂黏性过大、流速过快,使得金线的偏移量也随之增大。

(2)导线架的变形。造成导线架变形的原因一般是上下模穴中的树脂流动波前不平衡,这样上下模穴的模流之间就会出现压力差,导线会因为这个压力差而承受弯矩,产生变形。因为金线是处在导线架的芯片焊垫与内引脚上的,所以导线架的变形也能够造成金线偏移。

(3)气泡的移动。在填充阶段,空气可能会进入模穴里面,形成小气泡,气泡碰撞金线也会使得金线出现一定程度的偏移。

(4)过保压/迟滞保压(Overpacking/Latepacking)。过保压会让模穴里面产生过大的压力,这样偏移的金线就不能够弹性地恢复原状。迟滞保压会让温度升高,对于添加催化剂后反应较快的树脂,更高的温度使得树脂黏性过大,偏移的金线也难以弹性地恢复原状。

(5)填充物的碰撞。封装材料会加入一些填充物,当填充物的颗粒比较大时(比如2.5~250 μm),填充物碰撞到精细的金线(比如25 μm)就会引起金线的偏移。

除了以上几种原因之外,随着多引脚集成电路的发展,封装中的金线数目和引脚数目也逐渐增多,金线密度也会随之提升,更高的密度会使得金线的偏移更加显著。为了有效地降低金线的偏移量,预防短路或断路的情况发生,封装工程师应该谨慎地选用封装材料并精确地控制工艺参数,降低模穴内金线受到的应力,避免金线偏移量过大。

8.3.2 芯片开裂

IC裸芯片通常由单晶硅制成,而单晶硅晶体又硬又脆,硅片在受到应力或表面有缺陷的情况下很容易出现开裂。在晶圆减薄、晶圆切割、芯片贴装、引线键合等需要应力作用的工艺过程中会发生芯片开裂，它是IC封装失效的重要原因之一。如果芯片的裂纹没有扩展到引线区域，就不容易被发现。在更严重的情况下，一般工艺过程中观察不到芯片裂纹，甚至在芯片的电学性能测试中，有裂纹芯片的电学性能与无裂纹芯片的电学性能几乎相同，会让人忽视裂纹的存在，但裂纹会影响封装完成后器件的可靠性和寿命。

由于电学性能测试无法测试出芯片的开裂，所以芯片开裂失效需要通过高低温热循环实验来检测，以免裂纹影响芯片的可靠性。高低温热循环实验的原理是，不同材料拥有不同的热膨胀系数，在加热与冷却的过程中，不同材料之间会产生热应力，这个应力会让裂纹不断扩展，导致芯片破裂，最终表现在电学性能上。

如上所述，芯片开裂通常是由外界的应力导致的，所以在检测出芯片存在开裂后，需要及时调整芯片封装的工艺流程与参数，尽量减小工艺对芯片的应力作用。比如：在晶圆减薄的过程中让芯片的表面更加平滑，起到消除应力的作用；在晶圆切割的过程中使用激光切割工艺，降低芯片表面受到的应力；在引线键合过程中适当调整键合的温度和压力；等等。

8.3.3　界面开裂

开裂不仅存在于芯片内部，还会出现在不同材料的交界面上，形成界面开裂。在界面开裂的早期，不同部分间仍然具有良好的电气连接，但随着使用时间的增加，热应力以及电化学腐蚀会进一步扩大界面开裂，进而破坏了不同部分之间的电气连接，影响了集成电路的可靠性。

界面开裂的原因是多方面的，主要有封装应力过大、封装材料污染等工艺问题。界面开裂可能会发生在金线与焊盘的连接处，造成断路，也可能发生在外部的塑料封装体中，使得封装不能很好地保护芯片，引起芯片的污染。所以需要通过检测来排除潜在的界面开裂，并调整工艺。

8.3.4　基板裂纹

在倒装焊的工艺过程中，要用到焊球来连接芯片和基板的焊盘，基板开裂就是在焊球焊接的过程中容易引入的失效。在引线键合的过程中也可能会发生基板开裂。基板开裂会影响芯片的电学性能，产生断路、高阻抗等现象。

基板开裂的原因也是多方面的，包括芯片或基板本身就有缺陷，以及在焊接过程中键合力、基板温度、超声功率等参数不匹配。

8.3.5　再流焊缺陷

再流焊会造成晶圆翘曲。不同材料间的热膨胀系数存在差异，以及流动应力和黏着力的影响，这些因素使得封装体在封装过程中会受到外界温度变化带来的影响，不同材料间会通过翘曲变形来消除温度变化产生的内应力。翘曲现象在再流焊接中最容易发生。因为翘曲受到多个参数的影响，所以通过调整一个或一组参数，就能达到减少或消除翘曲的目的。

产生翘曲的主要原因是施加在元器件上的力不平衡。在预热阶段，器件的一端脱离焊膏是由多种因素造成的，比如热膨胀系数不同、焊膏涂覆不当或器件放置不当等，这样直接的热传导就被阻断了。如果热量通过器件传导，那么一端的熔化焊料就会相对于另一端形成新月形，它表面拉力的曲转力矩比器件的重量大，这样就会引起器件的翘曲。

为了改进翘曲，首先要控制焊膏印刷和放置精度。这是所有参数中最明显的，这类参数主要是面向设备的，它在所有阶段都能按照生产规程去进行，从而维护好印刷和安装的机器设备，这样做可以减少翘曲。其次要控制印刷的清晰度和精确度。这类参数能有效改变衬垫的配置，并且能增加相反元器件端点之间的不平衡，所以这类参数能直接引起翘曲。为了减少失效需要经常检查印刷配准参数，发现配准错误就进行纠正。需要清洗印刷模板，避免阻塞。另外还要检查焊膏，保证焊膏不能太干燥。同时保证支撑印刷电路板的基板平坦而坚固。最后还要注意放置精度。放置不当也会产生翘曲，为了最小化机器故障，需要经常检查进料器使它基部对准。因为元器件的拾取点很小，所以这一步检查至关重要。需要保证支撑印刷电路板的平台平坦而坚固。另外放置对准要精确地控制，放置的速度要慢。同时要确定常用拾取工具的合适喷嘴尺寸。

因为翘曲是由于器件两端受力的不平衡，而器件的受力取决于焊接和衬垫的表面特性，所以焊接材料和印刷电路板都会对翘曲产生一些影响。对于焊接合金，合金在熔点时的表面张力较小，这样在发生翘曲时的扭曲力就会比较小。尽管现在还没有对合金标准的准确评估，但一些厂商已经在尝试 Sn/Pb/In 合金，结果表面对翘曲确实有一定的影响，不过并不显著。不同类型的焊膏会影响翘曲。在其他条件保持一致时，焊膏的作用越强烈，翘曲就越容易发生。印刷电路板和器件表面的光滑度能影响焊膏的湿润特性。过量使用焊膏也会产生翘曲，减少焊膏的使用量能减小焊膏熔化时的应力作用。在再流焊过程中，如果器件两端的热传递速度有很大差异，那么在一定时间内一端受力将比另一端大，就会发生翘曲。

锡珠也是再流焊中很常见的缺陷，它大多分布在无引脚片式元器件的两侧。如果锡珠没有与其他焊点连接，不但会影响封装的外观，还会影响产品的电性能。模板开口不合适、对位不准、锡膏使用不当、预热温度不当、焊膏残余等都是锡珠产生的原因。

对于模板开口，如果钢网开口过大，或者模板开口形状不合适，使得贴放片式元器件时，焊膏会蔓延到焊盘外面，就会产生锡珠，为了避免这种情况，通常情况下，片式阻容元器件的模板开口尺寸应该略小于相应的印制板焊盘。考虑到线路板的刻蚀量，焊盘的模板开口一般为印制板焊盘的 90%～95%。另外，需要根据实际情况灵活地选择片式元器件的模板开口形状，可以有效防止锡膏过多而被挤压出来形成锡珠。

模板与印刷电路板的对位应该十分准确，并且模板和印刷电路板需要固定完好，对位不准也会造成锡膏蔓延到焊盘外面。印刷锡膏分为手工、半自动和全自动这几种方法。即使在全自动印刷中，压力、速度、间隙等参数仍然是由人工设定的，因此无论是用哪种方法，都必须调整好机器、模板、印刷电路板、刮刀之间的关系，保证印刷的质量。

锡膏从冷藏室中取出来后，如果升温时间不足，搅拌不均匀，锡膏就会吸湿，在高温再流焊的过程中就会有水汽挥发出来，产生锡珠。由于锡膏都是低温贮存的，因此在使用前必须将锡膏恢复到室温后再升温(通常要 4 h 左右)，并搅拌均匀后才可以使用。

温度曲线是再流焊工艺的重要参数，它分为预热、保温、回流、冷却四个阶段。其中，预热和保温过程可以减少元器件和印刷电路板受到的热冲击，并能将锡膏中的溶剂挥发出去。如果预热温度不足或保温时间太短，都会影响最终的焊接质量，一般保温的要求为150～160℃、70～90 s。

在生产过程中都会有一些情况需要重新印刷锡膏，因此原来的锡膏必须清理干净，否则剩余的锡膏就会形成锡珠。因此仔细刮去残余锡膏，不要让锡膏流进插孔内堵塞通孔，之后清理干净。

除了翘曲和锡珠以外，空洞也是再流焊的主要缺陷。空洞是指分布于焊点表面或内部的气孔或针孔。通常情况下气孔的形成原因有许多种。比如：可能由于焊膏中金属粉末含氧量高，或者使用了回收的焊膏、工艺环境卫生条件差、混入了杂质，解决方法是保证焊膏的质量；可能由于焊膏受潮，吸收了水汽，解决方法是等焊膏达到室温以后再打开焊膏的容器盖，控制环境温度20～26℃，相对湿度40%～70%；可能由于元件焊端、引脚、印制电路板的焊盘氧化或污染、印制板受潮，解决方法是元件先到先用，不要存放在潮湿的环境中，不要超过规定的使用日期；可能由于升温速率过快，焊膏中溶剂和气体挥发不完全，进入焊接区形成气泡，解决方法是160℃前升温速率控制在1～2℃·S^{-1}。

再流焊过程中还会出现其他缺陷。如：焊膏熔融不完全，全部或部分焊点周围有未熔化的焊膏；湿润不良，元件焊端、引脚或印刷电路板焊盘不沾锡或局部不沾锡；焊料量不足，焊料量不足是指焊点高度没有达到规定要求，它会对焊点的机械强度与电气连接的可靠性产生影响，甚至会产生虚焊或断路，如元件断头、引脚与焊盘间接触不良或没连上；桥连（又称短路），即元件端头之间、引脚之间、端头或引脚与邻近的导线等电气上不该连接的地方被焊锡连接；锡点高度接触或超过元件体，即焊料向焊端或引脚根部移动，使焊料高度接触元件或超过元件；锡丝，即元件焊端之间、引脚之间、焊端或引脚与通孔之间有细微的锡丝；元件或端头有不同程度的裂纹或缺损现象；元件端头电极镀层不同程度剥落，露出元件材料；冷焊（又称焊紊乱），即焊点表面有焊锡紊乱痕迹；焊锡表面或内部有裂缝；还有一些肉眼看不到的缺陷，如焊点晶粒大小、焊点内部应力、焊点内部裂纹等，需要通过X射线、焊点疲劳测试才能检测出来。

8.4 失效分析方法

8.4.1 X射线衍射

X射线衍射（XRD）的主要功能是获取固体材料的晶体学特征，它不仅能够获得材料和薄膜的结构性信息，还能获得样本中晶体相的组成、缺陷程度、层的厚度（在多层薄膜结构中）、薄膜制造过程中形成的应力、颗粒的尺寸和方向以及多层结构中层间的晶格匹配等特征。

XRD是通过从样本反射的X射线得到材料的晶体结构等特征。由于多晶材料包含许多方向随机的颗粒，每个颗粒中的原子按照晶体平面方式排列。任意一个晶格平面可以用Miller下标来描述。立方体结构需要3个下标，六边形结构需要4个下标。晶格平面给出了一个参考格栅，在晶体结构中的原子可以定位。对于Miller下标的一个给定集合，两个连续平面间的距离称为平面间距d，它由通过平面的方向和晶体颗粒的组成来决定，d的大小与X射线波长在同一量级上。由于晶体材料的这个特性，X射线可以用来研究材料的晶体特征。当X射线照射在晶体中的一组晶格平面上时，产生结构的干涉，仅当衍射的Bragg条件满足时，光束才会增强。在非晶体材料中会发生X射线的相减干涉，因为它们的相是不同的，波束得不到增强，从而很少或观察不到衍射。

XRD观测厚度为100～1 000 Å(1Å=10^{-10}m)，空间分辨率>10 μm，检测限制1%。通过XRD可分析晶格参数测量、晶体尺寸和分布、结构分析——材料中晶体的偏向、内部和残余应力测量、热扩张系数测量、相和组成识别、膜厚度测量。

一套XRD仪器包括X射线产生器、测角计、样本台、检测器、光学器件和计算机。X射线源分为两种主要类型，即密封管(1～3 kW)和旋转阳极(18 kW)。被加热的阴极(钨)处产生的电子被很大的电压加速，并撞击到一个金属阳极靶(铜、钼、铬和钴)，这时就会产生X射线。样本台可控制压力和温度、样本的倾斜和旋转。点检测器、线性位置敏感检测器和电荷耦合器件用于检测衍射的X射线，点检测器一次仅能收集一个角度的衍射强度，线性位置敏感检测器和电容耦合器件相对于点检测器具有速度优势。计算机用来收集和分析数据。

8.4.2 拉曼光谱学

拉曼光谱学可测量相对于入射光由样本散射的光频率变化，提供样本中存在的化学键振动频率的信息，并可进行相转换分析。在拉曼光谱学中，一个强放射的单色源以可见光到近红外的频率产生光子，这会导致样本中分子间键周围电子分布的瞬间失衡(极化)。分子增加的能量等于产生的光子的能量，达到基态与第一电子激发态之间的一个非量化的“虚拟状态”。当分子间键回到正常状态时放射出的辐射称为散射光，散射分为三种类型。多数散射光子的能量与入射光子相同，这种散射称作瑞利散射。大约有0.001%散射光子的能量不同于入射光子，这是拉曼散射。在拉曼散射中，键振动的频率会影响到激发的频率。当光子以低于入射辐射的频率放出时，就发生斯托克斯散射，此时分子返回到比其初始水平高的能量水平。当光子以高于入射辐射的频率放出时，就发生逆斯托克斯散射，此时分子返回到比其初始水平低的能量水平。斯托克斯散射要优于逆斯托克斯散射。拉曼光谱显示出散射放射不同于入射放射的频率差，常常用厘米的倒数(cm^{-1})为单位来表示。

拉曼光谱计的基本仪器是一个光源、聚焦和收集光学器件(经常放置于距离光源或滤波器90°处，用于清除激光源中的波长)和一个检测器。为了获得可以检测到的拉曼散射，激光提供必要的入射强度。用于拉曼光谱学的常见激光源有：氩离子(488.0 nm或514.5 nm)、氪离子(530.9 nm或647.1 nm)、氦/氖(632.8 nm)、二极管激光(782 nm或830 nm)和Nd/YAG(1 064 nm)。

拉曼光谱学使用微型聚焦仪器，具有1μm的横向分辨率，1 cm^{-1}的光谱分辨率。所探测的深度从数微米到数毫米。拉曼光谱学主要观察透明材料的深度剖面、点分析。当与拉曼显微镜一起使用时，进行线扫描或成像。

8.4.3 扫描探测显微镜

扫描探测显微镜(Scanning Probe Microscopy，SPM)包含许多不同种类的高分辨率仪器，这些仪器用来测量表面形状和其他表面性质。所有SPM仪器都有一个灵敏的探针，它以非常小的距离扫描样本表面。这类技术可以从许多环境(周围的空气、真空或液体)的样本中产生图像，可用作监视隧道电流，以确定样本和尖端之间的距离，使用样本原子和尖端原子之间的吸引力和排斥力。样本可以是绝缘的或导电的固体。SPM技术可以分为扫描隧道显微镜(Scanning Tunneling Microscopy，STM)和扫描力显微镜(Scanning Force Microscopy，SFM)。

在STM中，通过在样本和传导尖端(通常是金属，距离样本50～100 Å)之间施加一个偏压，产生隧道电流。样本连接到一个压电转换器以方便尖端的扫描，反馈控制维持尖端与样本之间的恒定距离。许多种材料可用于探针尖端部的制造，包括钨(用电化学的方式将其锋利到原子尺度)和Pt-Ir(将一根导线拉伸到极其微小的直径)，Pt-Ir是抗氧化的，更适合大型结构的成像。其他材料还包括硅、GaAs和Pt-Cr等。STM是根据隧道电流相对于尖端与样本表面之间平均距离的依赖关系产生图像的。图像再生的精度取决于压电扫描器对表面电流变化的探测灵敏度，隧道电流也取决于物质的局部密度。到目前为止，STM是测量样本表面粗糙度的必选技术。

SFM利用探针尖端与样本表面原子间的范德华吸引力和排斥力产生图像，并不是像STM一样利用隧道电流。SFM的常见形式是原子力显微镜(AFM)。在SFM中，通过批量生产半导体的方法和硅、氧化硅的蚀刻法，在一个弹性悬臂杆上制造出锋利的尖端。悬臂的制造可以通过聚焦离子束(Focused Ion Beam，FIB)铣法，这种方法可以制造出非常薄的悬臂(<1 μm)。尖端的半径大约400 Å，能够产生很高的横向分辨率。在SFM测量过程中，尖端从静止的样本表面扫过，或者是样本在一个静止的尖端下面扫过。为了维持一个恒定的力，压电扫描器能够不断修正尖端和样本表面的距离。最常见的测量尖端移动的方式是将一束激光投射到悬臂背面的反射涂层上，并反射到对位置敏感的光敏二极管(PSPD)上。PSPD的输出是一个反馈回路的输入，这个反馈回路能够控制压电扫描器。

8.4.4　扫描电子显微镜

扫描电子显微镜(Scanning Electron Microscpe，SEM)技术使用聚焦的电子束对样本进行光栅处理，可以检测到二次电子和反散射电子，通过极大的场深度形成表面图像。SEM可以应用于颗粒尺寸和分布分析、厚度和特征尺寸的测量以及形态学。

当有电子束投射到样品表面时，就会伴随着许多过程。电子束与样品的相互作用会产生二次电子、反散射电子、Auger电子、X射线甚至可见光。通过不同的检测器，人们可以得到包含样品不同信息的图像。SEM负责检测二次电子和反散射电子。

在入射电子与样品中原子的原子核发生弹性碰撞之后，反散射电子(BSE)就会以一个随机的角度从样品中发射出来，它的能量和主电子束能量相同(典型值为20 keV)。如果样品中的元素具有较高原子数量，发射出来的反散射电子数量也会较多。通过反散射现象对原子数Z的依赖关系，可以生成低Z元素与高Z元素之间的图像对比。

二次电子是数千电子伏的电子束与样品中原子的电子发生非弹性碰撞产生的。在这个过程中，电子束中电子的能量会传递到样品原子的电子上。如果传递的能量足够高，能够克服材料的运转作用,数电子伏的电子就会从比入射电子束区域稍微大的一个区域脱离样本,并可以被检测到。如果原子深度在50～500 Å以上,发射出来的二次电子就要承受额外的非弹性碰撞,并且永远不能到达检测器。在电子束能量到达约1keV的一个峰值之后,二次电子的输出随增加的电子束能量而缓慢减少,且在元素原子数的整个范围上显示出非常微小的变化。

SEM能够实现500 000倍放大,具有1～50 nm的横向分辨率,分析的深度可以从数纳米到数微米。

一套SEM检测仪器包括一个电子束源、聚焦电子束的光学仪器和检测从样品中放射出的电子的检测器。典型的SEM仪器需要维持10^{-7} Torr的真空,这个真空既可以最小化气态粒子和电子束、放射电子以及从样品中产生的辐射之间的相互作用,也能够将对样品的污染控制到最小。目前环境SEM仪器已经可以在较高压力(托尔数)下操作,能够容纳潮湿样品并降低绝缘样品的电荷,但是会降低空间分辨率。用于SEM检测的泵包括一个粗糙的泵(机械的,为样品室提供初始真空)和一个液氮陷阱扩散泵或涡轮分子泵(得到较高的真空)。电子枪具有V形灯丝(常常由钨制作),发射一束电子,该电子束通过1～30 keV的电压加速,并定向以序列顺序通过一个纵阵(包括一个压缩透镜、消像散装置、物镜和扫描线圈)。通过透镜的电子束可以变得十分精细(5～ 200 nm),然后在纵阵的另一端聚焦到样品上。选用合适的检测器可以收集二次电子或反散射电子,能够形成图像。在变换器外壳上施加一个微小的负偏压,能够从到达检测器的电子中去除二次电子,然后数字化地形成图像,并显示在计算机上。

8.4.5 共焦显微镜

共焦显微镜是一种三维成像技术,将光聚焦到样品的一个非常微小的区域,反射光聚焦通过一个小孔到达检测器上。共焦显微镜使用起来非常便利,并且对样品不造成破坏,常常用来收集高质量3D图像。虽然它的空间分辨率没有SEM,STM和SFM高,但共焦显微镜具有独特的优势。相比于SEM,它不要求真空或大的压力。相比于STM和SFM,它不需要非常平坦的样品,并且使用起来更加便捷。

共焦显微镜相对于传统光学显微镜有这几项优势:深度区分、较高的分辨率、较低的模糊度和较好的信噪比。它的z向分辨率低达5 nm,横向分辨率低达0.2 μm。共焦显微镜是进行表面分析的过程是这样的:将未聚焦的光进行空间过滤;光通过一个透镜聚焦到样品表面上;反射光二次通过透镜,为了只让聚焦光到达检测器,会在检测器前面放置一个小孔。在多数情形中,光学器件是静止的,通过移动放置样品的平台来扫描样品上的聚焦光束。

共焦显微镜分析可在大气压力下进行,这极大地简化了检测仪器。共焦显微镜的主要部件是光源、透镜和检测器。光源可以是激光或白光(来自氙灯或卤灯)。所用物镜与常规光学显微镜中使用的物镜相同。使用最广泛的检测器是光电倍增管(PMT)和电荷耦合器件(CCD)摄像机。通过计算机就能根据检测器收集的数据构造3D图像。

一些共焦仪器在光束分离器和物镜之间放置了一个尼普科盘。尼普科盘是不透光的,上面会有一系列的矩形孔,这些孔以螺旋模式分布在盘中心的周围。当盘旋转时,这些孔以光栅模式扫描样本的每一部分。因此用检测器监视每个图像元素(通过每个个体孔的光)的亮度,就能生成图像。

8.4.6　X 射线光电子能谱分析

X 射线光电子光谱学(X-ray Photoelectren,XPS)也称为化学分析的电子光谱学(ESCA),是一项非常灵敏的技术,它通过 X 射线照射样本,产生光电子的放射,光电子的能量与电子的结合能相关,可以在对样品造成最小的损伤下提供元素和化学信息。XPS 能够非破坏性地分析距离表面顶部 5~10 Å 处的元素组成和化学状态,灵敏度为一个单分子层的 0.1%。

在 XPS 中,当入射 X 射线的能量超过电子的结合能时,电子就从样品表面放射出来。这些电子称为光电子,它们来自原子中的特定轨道。给定氧化态的每种元素都可从一个或多个轨道发射电子,它们具有不同于其他元素和其他氧化态的结合能。功函数取决于表面组成和光谱仪,表示电子在从表面逃逸之前必须克服的能量障碍。功函数远小于结合能,在多数情况下可以忽略。结合能是通过从已知入射 X 射线能量减去测量的动能得到的。XPS 光谱包含在结合能处的峰,这对样品中存在的元素是确定的。峰密度与结合能处检测到的电子数成正比。

XPS 不仅提供元素信息,而且能够化学状态信息。一给定元素的不同化学状态由其 XPS 峰中结合能的不同偏移展示出来。

一套 XPS 仪器包括至少一个 X 射线源、一个能量分析仪和位于 UHV($<10^{-8}$ Torr)腔室中的电子检测器。UHV 系统可以防止气化分子消散入射 X 射线,并能够减少表面污染。由于 XPS 只对表面的最顶层敏感,所以表面的污染会改变检测结果。通过在阳极和阴极之间施加巨大电压产生 X 射线。阳极是电子来源,由细丝组成。阴极由金属制造而成,当与阳极处产生的高能量电子发生碰撞时,就会产生 X 射线。

电子从表面被弹射出去之后,在到达检测器之前,必须根据它们的动能加以区分。这通常是使用同心半球能量分析仪(Concentric Hemispherical energy Analyzer, CHA)来实现的。分析仪由两个半球形状、带电的平板组成。当电子在平板间通过时,它们被吸引到底部平板(+V),并被顶部平板排斥。只有速率合适的电子才能通过平板,并到达检测器。两平板间的电势是呈高低差的(斜坡形),可以允许不同速率的电子被分隔开来。

8.5　封装材料失效分析检测方法

1. PCB/ PCBA 失效分析

PCB 作为各种元器件的载体与电路信号传输的枢纽已经成为电子信息产品的最为重要而关键的部分,其质量的好坏与可靠性水平决定了整机设备的质量与可靠性。PCB 失效模式包括爆板、分层、短路、起泡,焊接不良,腐蚀迁移等。常用手段包括通过 X 射线透视检测、三维 CT 检测、C-SAM 检测、红外热成像等进行的无损检测,通过扫描电镜及能谱分析(SEM/EDS)、显微红外分析(FTIR)、俄歇电子能谱分析(AES)、X 射线光电子能谱分析(XPS)二次离子质谱分析(TOF-SIMS)等手段开展的表面元素分析，通过差示扫描量热法(DSC)、热机械分析(TMA)、热重分析(TGA)、动态热机械分析(DMA)、热导率(稳态热流法、激光散射法)开展的热分析检测，通过击穿电压、耐电压、介电常数、电迁移测试开展的电性能测试，以及通过染色及渗透检测手段进行的破坏性能测试。

2. 电子元器件失效分析

电子元器件技术的快速发展和可靠性的提高奠定了现代电子装备的基础，元器件可靠性工作的根本任务是提高元器件的可靠性。它的失效模式包括开路、短路、漏电、功能失效、电参数漂移，非稳定失效等。常用手段包括通过连接性测试、电参数测试功能测试开展的电学性能检测；通过开封技术(机械开封、化学开封、激光开封)、去钝化层技术(化学腐蚀去钝化层、等离子腐蚀去钝化层、机械研磨去钝化层)、微区分析技术(FIB、CP)开展的无损检测；开展的制样技术；通过光学显微分析技术、扫描电子显微镜二次电子像技术开展的显微形貌分析；通过扫描电镜及能谱分析(SEM/EDS)、俄歇电子能谱分析(AES)、X 射线光电子能谱分析(XPS)、二次离子质谱分析(SIMS)开展的表面元素分析；通过 X 射线透视技术、三维透视技术、反射式扫描声学显微技术(C-SAM)开展的无损分析技术。

3. 金属材料失效分析

金属封装材料的失效模式包括设计不当、材料缺陷、铸造缺陷、焊接缺陷、热处理缺陷等。常用检测手段包括通过金相分析、X 射线相结构分析、表面残余应力分析、金属材料晶粒度开展的金属材料微观组织分析；通过直读光谱仪、X 射线光电子能谱仪(XPS)、俄歇电子能谱仪(AES)等开展的成分分析；通过 X 射线衍射仪(XRD)开展的物相分析；通过 X 射线应力测定仪开展的残余应力分析；通过万能试验机、冲击试验机、硬度试验机等开展的机械性能分析。

4. 高分子材料失效分析

高分子材料是封装技术的关键材料。它的失效模式包括断裂、开裂、分层、腐蚀、起泡、涂层脱落、变色、磨损等。常用检测手段包括通过傅里叶红外光谱仪(FTIR)、显微共焦拉曼(Raman)光谱仪、扫描电镜及能谱分析(SEM/EDS)、X 射线荧光光谱分析(XRF)、气相色谱-质谱联用仪(GC-MS)、裂解气相色谱-质谱联用(PGC-MS)、核磁共振分析(NMR)、俄歇电子能谱分析(AES)、X 射线光电子能谱分析(XPS)、X 射线衍射仪(XRD)、飞行时间二次离子质谱分析(TOF-SIMS)开展的成分分析；通过差示扫描量热法(DSC)、热机械分析(TMA)、热重分析(TGA)、动态热机械分析(DMA)、导热系数(稳态热流法、激光散射法)开展的热分析；通过裂解气相色谱-质谱法、凝胶渗透色谱分析(GPC)、熔融指数测试(MFR)开展的裂解分析；通过扫描电子显微镜(SEM)，X 射线能谱仪(EDS)等开展的断口分析；通过硬度计、拉伸试验机、万能试验机等开展的物理性能分析。

5. 复合材料失效分析

复合材料是由两种或两种以上不同性质的材料组合而成。具有比强度高，优良的韧性，良好的环境抗力等优点，因此在封装生产中得以广泛应用。它的失效模式包括断裂、变色失效、腐蚀、机械性能不足等。常用检测手段包括通过射线检测技术(X 射线、γ 射线、中子射线等)，工业CT，康普顿背散射成像(CST)技术，超声检测技术(穿透法、脉冲反射法、串列法)，红外热波检测技术，声发射检测技术，涡流检测技术，微波检测技术，激光全息检验法等开展的无损检测；通过X射线荧光光谱分析(XRF)等开展的成分分析；通过重分析法(TG)、差示扫描量热法(DSC)、静态热机械分析法(TMA)、动态热机械分析(DMTA)、动态介电分析(DETA)开展的热分析；通过切片分析(金相切片、聚焦离子束(FIB)制样、离子研磨(CP)制样)开展的破坏性实验。

6. 涂层/镀层失效分析

涂层/镀层失效模式包括分层、开裂、腐蚀、起泡、涂/镀层脱落、变色失效等。其检测手段中的无损检测、成分分析、热分析和高分子材料的检测手段基本一致。除此之外还包括通过体式显微镜(OM)、扫描电镜分析(SEM)开展的断口分析检测；通过拉伸强度、弯曲强度等开展的物理性能检测。

第9章 芯片封装技术应用

上述主要介绍了封装的工艺流程与封装的可靠性等内容，本章主要对实际应用中的封装进行概述，介绍封装设计需要考虑的因素，如电气设计、热设计、机械设计和成本设计等，只有兼顾到这些方面，才能生产出具有市场竞争力的封装商品；接着以电子电力芯片和射频芯片的封装为例，让大家对如何设计封装有一个清晰的认识。

9.1 封装设计方法

9.1.1 电气设计

在理想情况下，导线的阻抗为0，它不会影响到电路的性能。这只有在导线有足够的直径并且低频的条件下，能够实现这种理想情况。在现实中，随着频率的升高和尺寸的缩小，导线、引脚、电路板印制线、配电盘以及其他连接元件之间，都会产生电阻、电容、电感效应，这些效应会严重影响系统性能。这个时候就需要对封装进行电气设计上的考虑，在确保成本最小化的基础上，保证信号通路中的信号保真度，减少失真，同时要把电源导体中产生的噪声降至最小。

由于寄生电阻会导致传输信号的幅度减小、上升时间增加，寄生电感和电容会导致电子封装和电子封装基片中的串扰，因此封装电气设计需要将封装互连线的寄生电阻、电容和电感效应降至最小。特别地，针对高频高速芯片而言，封装互连线必须当作分布参数网络或者传输线来处理。另外由于信号反射会使信号衰减并导致传输信号发生振荡，在高速电路中需要有合适的负载端结来减轻封装带来的信号反射。

9.1.2 热设计

电子系统中一个重要的热源是系统中使用的电源，交流电压需要转换成各种级别的直流电压。另外电路系统会在许多地方产生热，导线上的功率损耗会产生一些热。印刷电路板上的热主要来自装配在电路板上面的封装元件，芯片工作时自身也会产生热。因此做热设计的时候需要考虑的是每个芯片和许多芯片集合上产生的热的集合。

热设计是封装设计中最关键的内容之一。良好的热设计有助于让电子系统达到预期的性能和寿命。几乎所有芯片的故障率都会随着工作温度的升高呈指数增长。比如硅晶体管，当工作温度从 25°C 升高到 130°C 时，故障率就会增加 5～7 倍。在较高的温度下长期工作会缩短大多数电子元件的寿命。在电路系统中，必须通过最小化关键元件的接合温度来提高整个系统的可靠性和寿命。热设计还可以预防热故障灾难。热故障灾难是指由于温度升高导致元件彻底丧失功能。热故障通常是来源于机械支撑元件（包装或者基片）的热断裂或者引脚与外部的电气连接产生了分离，也可能来源于温度过高导致的半导体材料故障。

空气制冷、液体制冷、高级制冷是最常见的几种热设计致冷方法，在封装热设计中具有广泛的应用。

空气致冷的成本低，应用起来方便，是热设计中最常使用的方法。迄今为止，空气致冷的许多数据和研究结果已经公开了，并且空气致冷的热设计标准也已经很成熟了。然而，空气致冷只能适用于芯片热通量比较低的情况。对于自然对流，温差为 100°C 时，热通量大约为 0.05 W/cm^2；对于强制对流，温差为 100°C 时，热通量大约为 1 W/cm^2。如果利用散热片或其他的高级强制对流方法，100°C 的温差下热通量能够达到 1.5 W/cm^2。

液体致冷分为单相液体致冷和双相液体致冷。单相致冷可以通过自然对流和强制对流产生，双相致冷可以通过蒸发或者沸腾产生。

单相液体致冷中一种是直接液体制冷，它是将液体与电路直接接触，这种致冷方法的优点是大大降低了外壳与空气之间的热阻。但是，直接液体致冷比较昂贵，并且可靠性不高，可选择的液体种类也会受到限制。另一种是间接液体致冷，它没有直接液体致冷那么有效，因为间接液体致冷为了将液体和电路隔开，引入了传递热阻和对流热阻。

双相液体致冷可以分为许多方法，它的散热速率与具体的应用、选择的液体以及液体传送到热源的方式有关。液体传送方法包括沉浸致冷、强制对流沸腾和冲击射流 3 种。沉浸致冷，即把电路浸入蒸发或沸腾的液体池中，这个液体通常为冷却剂。强制对流沸腾是强制让液体流过热源表面。冲击射流是直接在热源上喷射液体。

目前，沉浸致冷是最常使用的双相液体制冷方法。沉浸致冷是将电路浸入冷却剂中，蒸发或者沸腾的冷却剂具有非常高的热传递系数，许多致冷模块都利用这种方法进行的设计。

沸腾和蒸发都和液体到气体的转化有关。与蒸发相比，沸腾会在热源表面产生蒸气泡。这些蒸气泡从热源表面脱离出来，上升到液体表面，将蒸气释放出来。当热源表面温度比液体的饱和温度高 3～10°C 时，沸腾过程就会开始，接着气泡就在热源表面非常小的空洞中逐渐增大，等到气泡变得很大时，气泡的浮力就会大于使气泡停留在热源表面的张力，让气泡上升到液体表面。

随着热设计的不断发展，也涌现出了许多高级制冷方法。其中热管致冷、热电致冷、微通道致冷是比较常见的。

在各种冷却技术中，热管致冷技术在迅速普及，特别在便携式电脑的应用上，这是由于热管致冷的高导热效率及较轻的重量。热管里面装有两相混合物，两相混合物的作用是充当热传递介质。热管是用相变及蒸发扩散的过程来传导热量的，是一种长距离传导大热量的导热器件。热管是密封的细长管，在管道的内壁贴有一层有虹吸作用的物质，水等流体可以在这一层流动，如图 9.1 所示。

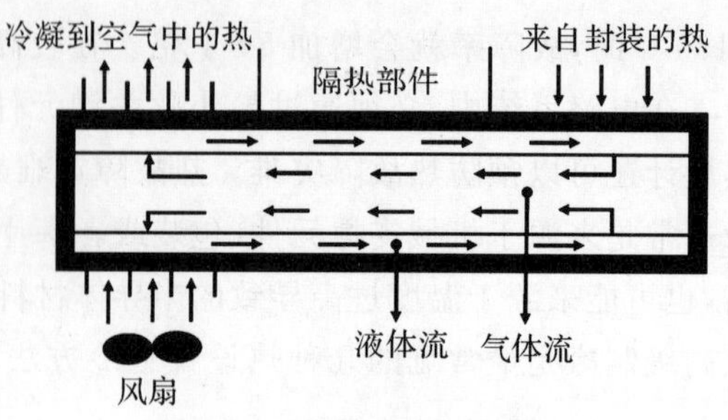

图 9.1 热管致冷示意图

热管有三部分:一端是蒸发部分,在这里吸收热量同时将流体蒸发;另一端是冷凝部分,在这里蒸汽冷凝同时排出热量;中间段是绝热部分,这一段气相和液相通过在中心和虹吸绳芯中流动来完成循环。热管的致冷过程为:在温度较高的一端,蒸发部分的液体被蒸发,蒸气在蒸气压力差的驱动下迁移到管子的另一端,即冷凝部分,在这里蒸气冷凝放热。通过虹吸绳芯的毛细作用,冷凝后的液体又会回到温度较高的蒸发部分。使用水作为流体的热管,有效热导率可以达到铜的 250～1 000 倍。由于热管基本上是一个中空管,因此它比铜要轻得多。蒸发和冷凝过程会产生非常高的热交换系数,同时只需要很小的压力就能将蒸气从蒸发部分驱动到冷凝部分。但是,在设计和装配虹吸绳芯的时候需确保虹吸绳芯的毛细作用能够将流体回流到蒸发部分。

热电致冷(TEC)是一个固态热泵。如果有电势加在两个半导体结上,热量就会被一个结吸收然后从另外一个结释放出来,热量与电流大小成正比。热电致冷的理论基础是 Peltier 效应,大多数材料都有一些 Peltier 效应,半导体 PN 结的 Peltier 效应最为显著。如图 9.2 所示,当电子从 PN 结的 P 型半导体转移到 N 型半导体时,电子的能量态就被升高了,因而会吸收热量,导致周围的温度降低。当电子从 P 型转移到 N 型时,电子的能量态被降低,就会释放出热量。

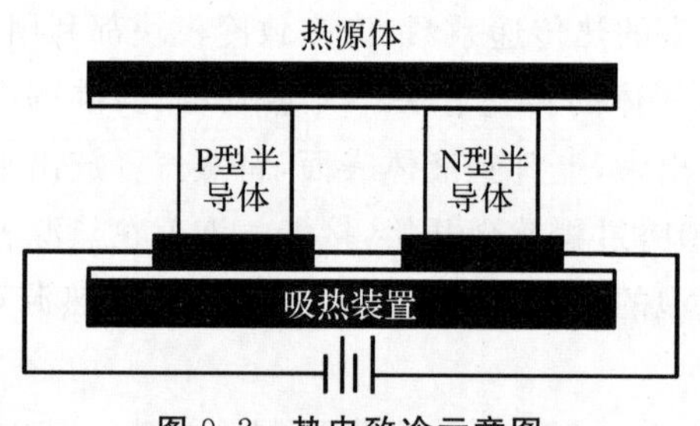

图 9.2 热电致冷示意图

热电致冷设备是由 1 个到数百个热电偶串联组成,它们平行地放在两个导热的电绝缘陶瓷片之间,陶瓷表面需要镀一层金属。由于 Peltier 效应,热电致冷装置持续地冷却低温一端,这一低温端端从热源吸收热量。由于电流的流动,产生的热由高温端发散出去。

微通道致冷是目前比较新颖的一种制冷方式。在电路下方的基片上面可以划出一些平行的小通道,在小通道上可以进行液体循环。这样的微通道在温差为 60℃时,热通量大约为 600 W/cm^2。

热机械应力对封装的影响是热设计的重要方面。封装材料的热弹性形变、温度的不均匀引起的热应力、热冲击或热应力松弛引起的弹性塑性变形等都会影响到封装的可靠性。封装的机械损坏表现为晶体管PN结的损坏、过大的弹性或塑性形变、脆性变形损坏、疲劳损坏、蠕变损坏、热松弛损坏和热冲击损坏等方面。热应力对晶体管结的影响很大。晶体管结反向电压的升高会引起功率增大、热量增多。如果这些热量不能及时耗散，就会出现雪崩现象，从而在PN结处产生热应力以及热应力会导致晶体管结的击穿失效。芯片贴装的热机械应力、热疲劳、封装焊接点的热应力、PCB的热应力是封装热设计需要关注的几个重点问题。

(1)芯片贴装的热机械应力。如果芯片和基板之间的热膨胀系数不匹配，就会在焊接处产生热应力，甚至引起芯片的断裂。芯片焊接处的空洞是产生应力的主要原因。在空洞的边缘处芯片受到应力，就会让芯片产生垂直方向的断裂。用软焊料进行焊接时，比如铅锡焊料或有机树脂黏接剂，大多数是由于焊料本身的强度低而造成断裂。用硬焊料进行焊接时，比如金硅共熔体或玻璃，热应力就会传递到芯片上，使得芯片更容易发生断裂。我们可以通过一些方法减少贴装处的热应力。比如使黏胶的弯曲硬度与贴装面的弯曲硬度保持一致，尽量使用同一种胶。增加粘贴面材料的硬度也可以释放热应力。用弹性模量小的粘贴胶可以缓解热应力的影响。保持热应力在粘贴胶的弹性范围内，避免撕裂应力。

(2)热疲劳。热疲劳是指由于温度的不断变化而引起负载的反复循环，从而导致材料疲劳。虽然所有材料都有表面微裂纹，但在负载不超过一定限度时，这些微裂纹并不会影响材料的强度。然而在不断反复的超负载下，微裂纹就会扩张，造成疲劳断裂。如果封装是由多种材料组成的，它在承受反复的热循环时，会不断地发生热膨胀和冷收缩，产生热应力。如果热膨胀系数CTE不匹配，就会造成反复的逆向负载。如果热膨胀系数明显不匹配，热疲劳就会成为封装失效的主要原因。我们在封装设计的过程中，需要尽可能的降低各种热疲劳。

(3)封装焊接点的热应力。不论是芯片与基板之间的连接，还是封装与主板之间的连接，基本上都是采用焊接的方法。由于被焊接的元件之间的热膨胀系数不匹配，当元件通电并产生热量时，焊接点就会产生剪切应力。高温和持续的温度变化也会引起焊接点的应力和热疲劳。引线键合中的热应力问题一直是备受关注的。热压引线键合是用细金属丝(直径20～50 pm的金丝或铝丝)作引线，在高温和压力下进行键合，将芯片与封装连接起来。超声波引线键合利用了超声波，温度就比较低，压力也较小，可以在一定程度上释放引线键合的热应力。

(4)PCB的热应力。目前使用最广泛的PCB是用玻璃纤维增强酚醛树脂作为原材料，经过通孔、通孔金属镀层和腐蚀等工艺制造而成。PCB中的导体大多为铜，在多数情况下，铜的热膨胀系数要比树脂玻璃纤维小得多，因此当PCB受热或受冷时就会产生热应力。除此之外，镀金属通孔与PCB之间的热失配也会产生热应力，元件与PCB之间的填充物的膨胀也会产生热应力。所以PCB热应力也是封装热设计中需要关注的问题。

9.1.3　机械设计

封装的机械设计是为了提高封装的电路密度，制造出具有更多I/O口的大芯片，但这会给芯片到基板的互连线增加了应变，从而导致电路故障。封装的机械损坏表现为晶体管PN结的损坏、过大的弹性或塑性形变、脆性变形损坏、疲劳损坏、蠕变损坏、热松弛损坏和热冲击损坏等方面。

在产品的制造、测试或者正常生命周期内，机械失效会给电子元件带来严重的损伤。机械失效的例子有产品震动导致的连接故障；铜电路线在弯曲或者热膨胀过程中可能出现的故障；温度变化时，芯片可能会从基片上破裂或松动。因此，机械设计是封装设计的关键内容。

9.1.4 成本设计

在芯片设计制造的整个全流程中，封装测试的成本占据了20%～30%。因此，在高密度封装的设计中进行成本设计是十分有必要的。随着新技术引入到高密度封装制造中，制造商对管理制造这些产品的成本投入了较大的精力。用户和制造商在购买或制造高密度电子封装时必须考虑到成本。

9.2 电力电子芯片封装技术

电子电力器件主要包括功率二极管、功率双极型晶体管、金属氧化物半导体功率场效应晶体管、绝缘栅双极型晶体管、SiC半导体器件、静电感应晶体管等器件。随着功率混合电路的出现，功率器件的小型化与封装技术也开始发展起来。电力电子器件与功率电路不断取得重大进展，这对封装的可靠性与性能提出了更高的要求。

9.2.1 商用功率封装

商用功率封装能够用于封装单个分立功率开关、几种不同的功率开关，或者整个功率开关拓扑模块，比如多芯片功率模块等。

分立功率器件的封装在工业界的选择很广泛。封装的选择由几个因素所决定，比如裸芯片器件的尺寸、最大的功耗和电路的应用等。通孔插装和表面贴装的选择尤为重要。表面贴装器件尺寸比较小，但封装中的散热需要依靠电路基底材料。通孔插装器件虽然占用了更大的体积，但可以直接安装散热片，这样能够工作在更高的功率密度下。

典型的表面贴装器件的剖面结构如图9.3所示。功率芯片安装到载体上，键合到封装内部的引线上，芯片由封装的外壳进行保护。在后面几代的表面贴装器件中，芯片的载体实际上是一个功率器件焊接的金属焊接平面，这样能够提高散热能力，使得热量可以通过封装的底部传导出去。

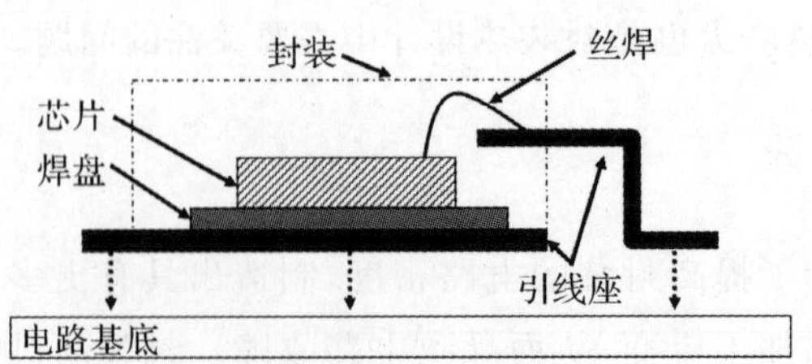

图9.3 典型的表面贴装器件剖面结构

提高分立器件的散热性能需要安装直接的散热片部件。第一个分立功率封装为 BJT 的外壳封装，称为罐装。TO-3 是一种现代流行的封装，这种封装的引线必须穿过散热片进行安装，这就限制了安装到 TO-3 封装上的散热片的尺寸。现代的通孔封装，如 TO-220 和 TO-247，可以在减小体积的同时增加最大散热面积。这些封装能够直接安装在大面积散热片上，对电路的封装尺寸影响最小。

目前先进的分立器件封装的发展趋势是小型表面贴装功率封装，通过附加的散热片进行散热，这样可以不用增加电路的尺寸。例如 DirectFET 功率封装，是为了方便进行表面贴装而设计的一种功率倒装焊芯片技术。这种技术的剖面结构如图 9.4 所示。可以看出在封装的内部没有键合线的存在，所有芯片接触的表面积都可以用来散热。

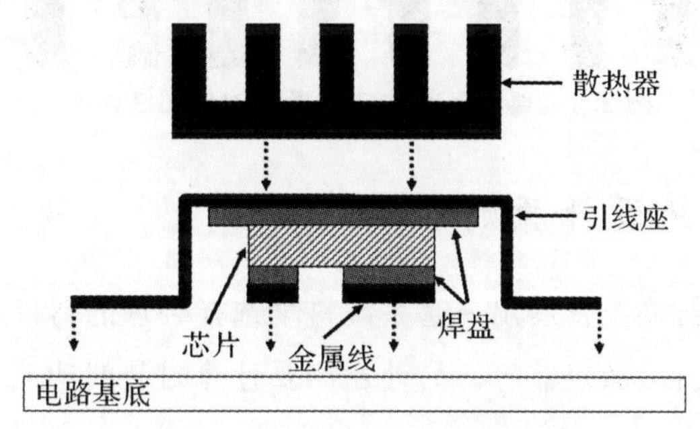

图 9.4　DirectFET 剖面结构图

常用的分立器件封装有如下类型：小功率二极管常封装为 SOT-23 和 SOT-223、SMA/B/C 或 TO-92 小晶体管外壳。功率 BJT 常常封装为 TO-3 或 TO-39。功率 MOSFET 通常采用多种封装，包括双列直插封装（DIP），SO 封装、QuadPAK 封装、DPAK 和 TO-220。IGBT 常常封装为 TO-220 或 TO-247。晶闸管或高功率二极管封装为 TO-20 或 TO-200。

分离式功率器件在功率系统应用中占据非常大的比例。但是即使是最大的分立功率器件封装，也只能散发出几瓦的热量。当需要从功率芯片中传递很多的热量时，就需要不同的方案，因此多芯片功率模块就诞生了。在多芯片功率模块中，所有的电力电子电路被封装在一个模块中，这样就可以安装一个大的散热片，模块内所有的电力电子电路可以通过走线连接到这个模块。

图 9.5 所示为典型多芯片功率模块的剖面结构。在这个封装中通常采用铝或铜的散热器来充当元件的基底。直接键合铜（Direct Bonded Copper，DBC）的衬底安装到散热器上。DBC 是一种陶瓷衬底，是由 AlN 或 BeO 陶瓷在高温下和铜金属化后的叠层通过化学键合制作而成的，它的热导率很高。与此同时，DBC 是一个双面的衬底，这能够平衡陶瓷内部的热应力。衬底上面的铜金属化通常采用镍或金镀层，再采用化学腐蚀。在铜金属化上面放置若干个裸芯片功率器件并键合。模块的表面会填充一层保护胶，然后安装上盖子。模块可以通过机械螺钉连接到下面的散热器，盖子上的螺孔和引脚能够提供与其他电路的电气连接，通过螺孔提供大功率连接，通过引脚提供控制连接。近年来，金属基复合材料（MMC）应用于散热器底部平面材料，由于 MMC 的热导率很高，并且热膨胀系数（CTE）能够与衬底匹配，提高了封装的可靠性。

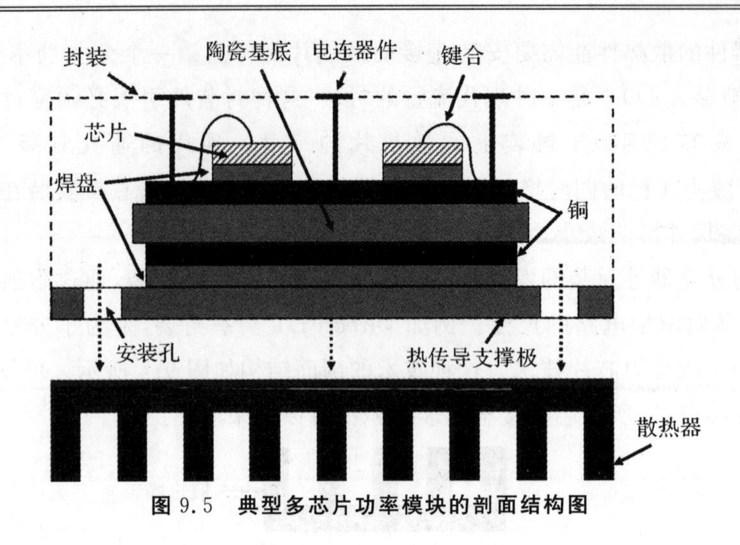

图 9.5　典型多芯片功率模块的剖面结构图

9.2.2　功率封装设计原则

为了设计好功率封装，需要发展出一套系统科学选择合理的器件来实现要达到的功能，如功率开关、基底、热传导支柱、散热器等。另外还需要计算封装的功耗和热性能，设计布局结构和模块配置。

1. 整体系统设计方法

决定功率封装系统流程的关键是半导体器件的选择，选择器件有这些标准：工作电压和工作电流、开关频率、损耗和效率、器件产生的热负载、成本、可靠性、驱动电路的复杂性、模块化、尺寸、保护性等。功率电路的应用和器件的选择会直接影响到封装技术，封装设计工程师通常有 5 项选择。

(1)完整的集成设计方案。整个电路可以看成一个黑匣子，有一系列的输入和输出，并能够得到预期的结果。

(2)对于 FR-4 或其他 PCB 材料，可以选用分立的功率器件，可采用通孔插装或表面贴装器件。表面贴装器件能够实现封装的小型化。通孔插装器件可以提高散热能力，但是会增加封装的体积。

(3)对于使用陶瓷混合电路的分立功率器件，通常只能选择表面贴装器件，但是由于陶瓷基底的热导率很高，在小型化的元件上也可以实现散去大量热能的能力。陶瓷功率混合电路是典型的厚膜技术，它限制了整个电功率，厚膜导体的缺点是它的传导率只有纯金属的 1/10，在功率应用中会产生很大的损耗。

(4)将系统中的功率部分和控制部分隔离开来，并在功率部分选择一个功率模块砖。这些系统中的控制部分通常选择安装在 FR-4 或者其他 PCB 材料上。这样做的优点是系统具有比较好的电气和热性能。这样做的缺点是成本会随着功率封装的体积增大而显著增加。还有一个缺点是，由于将电路各部分隔离开来，会引入一些寄生效应，这样会提高电损耗，并使得开关频率减小。

(5)设计一个完整定制的 MCPM。这种方法的优点是集成度和小型化程度很高,能够实现很高的功率密度和优良的特性。这种方法的缺点是高成本、高复杂性、设计和制造时间长。

因此,如何选择合适的半导体功率器件,是整个功率封装系统的设计关键。

2. 基底的选择

选择好器件和设计方法后,下一步就是选择合适的基底。基底的选择很大程度上取决于模块的应用。基底材料应该具有高热导率,方便模块散热。材料的热膨胀系数与接触到基底的材料相近。材料需要具备良好的绝缘特性、低介电常数、高强度和高韧性、高度的尺寸稳定性、化学和物理的稳定性。另外,从成本的角度上看,我们希望所选择的材成可以具有尽可能低的成本。

基于上述考虑,功率模块通常选用带 AlN 或 BeO 基底的 DBC 或 IMS,主要是由于它们的高热导率、高电流承载能力和对温度循环和电应力的高可靠性。PCB 表面贴装或穿孔技术通常选用 FR－4,主要是由于它的成本低。陶瓷技术通常采用 Al_2O_3,主要是由于低成本、高性能和小型化。当然,根据设计需求和应用场景不同,还需要在设计中具体考虑。

3. 基片的散热片的选择

当采用功率模块或者 MCPM 设计功率封装时,基片的选择非常重要。因为基片是热耗散的主要接触面,所以,基片材料需要有很高的热导率,这样基片就可以将热量充分耗散出去。与此同时,基片材料需要有高的机械强度,因为基片给电子电路和功率模块提供了结构支撑。

由于大多数材料都具有高的机械强度和高的热导率,所以基片材料的选择需要根据实际的应用需求来确定,选择最合适的那一款材料。比如金属材料的机械特性和导热性都十分理想,但因为大多数金属的热膨胀系数是硅的好几倍,这样会导致显著的热应力可靠性问题,在某些应用中可能就不太适合。一种选择方案是 MMC 材料,这种材料是将陶瓷或石墨基体注入到金属填料中,使材料同时具有基体和金属的特性,如高热导率、高机械强度、低热膨胀系数等。

4. 芯片的焊接方法

因为大多数功率半导体是垂直沟道器件,上表面和下表面在电气上是相互连接的。所以功率芯片必须通过冶金学焊接过程连接到基片上。常用的能实现冶金学焊接的方法有 3 种:①焊接,将两种高温金属熔合在一起,可选择是否使用金属填充料。这个方法要使用局部高能量来进行焊接,通常应用于壳盖封装的焊接,功率芯片连接到基片上通常并不采用这种方法。②铜焊比焊接需要的温度低,比软钎焊的温度高。这种方法利用铜焊接或者金属填充料,典型熔融温度高于 350℃,但要低于接合的两种金属的熔融温度,需要使用焊剂来除去金属填充料的氧化物和污染物,通常情况下这些焊剂具有腐蚀性。③锡焊。在锡焊中,两种金属在焊接温度低于 350℃时由金属填充料结合在一起。在金属的固态和液态间有一个温度范围,这个范围称作塑性域。如果相结合的两种金属在塑性域下冷却时在物理上被干扰,那么焊接晶体就受到影响,出现冷焊接结。锡焊中最理想的焊料是共熔焊料。这种合金可以直接从液态进入固态,而不经过塑性域。最常用的焊料是铅锡合金,标准的铅锡焊料为 63Sn－36Pb(63%的锡和 36%的铅),熔点为 183℃。

5. 键合

大多数功率芯片需要通过键合连接到顶层。如果键合线相互扩散,会降低连接的强度,形成中空,增大了接触电阻;如果键合工艺形成脆弱的金属化,就会降低了键合线连接的强度。载流能力是其中最重要的参数,键合线最大可承受的持续电流公式为

$$I = k d^{3/2}$$

式中:I 为最大电流;d 为键合线直径;k 为不同金属的键合线常数。

因此,功率封装的键合需要考虑很多方面,比如键合线的载流能力、键合线和焊盘的兼容性、键合线在出现疲劳失效之后的完整性等。

9.3 射频芯片封装技术

随着移动通信技术的迅猛发展,射频芯片获得了广泛的应用。

低频芯片和射频芯片之间的最大差异在于所使用的半导体类型、设备类型以及片上互连。在半导体类型上,射频芯片常常由Ⅲ-Ⅴ族材料(比如 GaAs,GaN)制造而成,这种材料在高频时的电气性能非常优越,并且是半绝缘的。在高频应用中,通常用金属半导体场效应晶体管(MESFET)、异质结双极晶体管(HBT)以及高电子迁移率晶体管(HEMT)代替金属氧化物半导体场效应晶体管(MOSFET)和双极结型晶体管(BJT),这是因为上述元器件在微波和毫米频率范围内性能更优越。除此以外,高频电路还会使用受控阻抗互连和片上无源结构(比如匹配网络)来达到希望实现的电气功能。射频芯片,特别是 MMIC 芯片,设备表面上的单个元件通常和微带或者共面传输线互连,而不是通过简单的导线连接。这些传输线结构的导体为薄膜金属,电介质为半导体晶体。

在许多时候,并不是任何给定电路或者系统所需要的元件都能很容易集成到 MMIC 结构上。这可能是由于集成难度过大,或者元件占用了过多的晶粒表面面积,在成本上不划算。因此,MMIC 需要的元件通常集成到微波集成电路(MIC)中。这些 MIC 设备能够包含一个或多个分立无源单元,这些无源单元可以集成到基片中,也可以通过表面贴装贴附到封装基片上,MCM 成为其重要封装形式。许多年来,基于厚膜、薄膜以及碾压技术,已经有大量的 MIC 设备被开发了出来。

在高频电路中,总的损耗是十分复杂的。其中最突出的是电介质损耗和导体损耗。

(1)电介质损耗。在高频电路中,通常情况下,随着工作频率的升高,电介质损耗会占据着越来越重要的地位,并且在某一点频率时,电介质损耗会超过导体损耗。对于给定的材料,它们的损耗数据通常用损耗的正切($\tan\delta$) 来表示,许多材料的损耗正切是工作频率的函数。某些聚合物材料的损耗正切与工作频率的关系很大,因此它们不适用于高频环境。例如,FR-4 和 BT,它们在低频时的损耗很低,但是它们的损耗正切是频率的强函数,并且在微波和毫米

波频率范围内，许多应用无法接收它们带来的损耗。

对于低中介电常数复合物，无机材料中的损耗一般较低。但是，高介电常数铁电材料的损耗会高得多。在毫米波频率范围内，比如氧化镁、蓝宝石、石英等电介质，它们的损耗通常很低，这些材料的粗糙度一般要比聚合物材料大很多。然而它们可以很容易被磨光到几乎任何所需要的表面，平均粗糙度可以小于1 μm。

在过去的几十年，无机多层基片如LTCC、高温共烧陶瓷(HTCC)，在高频应用中非常广泛，这是由于需要更高的电路密度以及在基片内部和顶部集成其他结构。由于在毫米波频率范围内具有很低的损耗正切，LTCC材料通常在损耗上占据优势。HTCC复合物通常是由Al或者AIN构成，也具有相对较低的损耗。

(2)导体损耗。在高频电路中，不仅电介质材料会影响损耗，基片或电路板中的导体也会影响损耗。这些损耗在高频谱的较低端比较明显，因此在几乎所有应用中都要加以考虑。这些电路板中的导体材料可以分成3种，它们是精金属、良导体和黏附金属。精金属(例如金和镍)通常用来提供抗腐蚀的表面，这个表面可以进行线接合或者焊接。良导体(例如银、金和铜)的电导率较高，通常用作主要的导电媒介。黏附层(例如钛和铬)用来在良导体和基片之间提供强键合。

在许多情况下，集肤效应会导致电流集中在导体的外部，设计者可能在不经意中会将最高的电流密度限制到相对较低电导率的粘附金属(钛或者铬)上。集肤效应在平面传输线结构中更加明显，这种情况下粘附金属层必须在导体的底部。因此不仅在金属化过程中使用的导体需要考虑损耗，粘附层的损耗在封装设计中也需要加以考虑。

因此，如何在封装设计中尽可能降低损耗，是射频芯片封装所特有的需要考虑的最重要的问题之一。

参考文献

[1] 李可为.基础电路芯片封装技术[M].2版.北京:电子工业出版社,2013.
[2] 李虹.高级电子封装[M].2版.北京:机械工业出版社,2010.
[3] 王蔚.集成电路制造技术:原理与工艺[M].2版.北京:电子工业出版社,2016.
[4] 赵树武.芯片制造:半导体工艺制程实用教程[M].4版.北京:电子工业出版社,2007.